行家宝鉴

Precious Appreciation

翡翠

张竹邦 著

海峡出版发行集团 | 福建美术出版社
THE STRAITS PUBLISHING & DISTRIBUTING GROUP | FUJIAN FINE ARTS PUBLISHING HOUSE

图书在版编目（CIP）数据

翡翠 / 张竹邦编著 . -- 福州 : 福建美术出版社 ,

2015.1

（行家宝鉴）

ISBN 978-7-5393-3248-2

Ⅰ . ①翡… Ⅱ . ①张… Ⅲ . ①翡翠 - 鉴赏②翡翠 - 收

藏 Ⅳ . ① TS933.21 ② G894

中国版本图书馆 CIP 数据核字 (2015) 第 007960 号

作　　者：张竹邦

责任编辑：毛忠昕

行家宝鉴——翡翠

出版发行：海峡出版发行集团

福建美术出版社

社　　址：福州市东水路 76 号 16 层

邮　　编：350001

网　　址：http://www.fjmscbs.com

服务热线：0591-87620820（发行部）　87533718（总编办）

经　　销：福建新华发行集团有限责任公司

印　　刷：福州德安彩色印刷有限公司

开　　本：787×1092mm　　1/16

印　　张：6.5

版　　次：2015 年 1 月第 1 版第 1 次印刷

书　　号：ISBN 978-7-5393-3248-2

定　　价：68.00 元

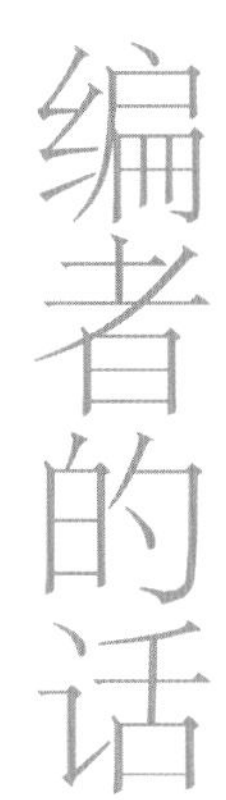

编者的话

这是一套有趣的书。翻开书，您会在不经意间迷上它，寥寥几句话即让您识破店商伎俩。行家教您玩转收藏，那些收藏行业不能说的秘密，尽在于此。

中国自古以来便是个钟爱收藏的民族，上至达官显贵，下至平民百姓，在衣食无忧之余，收藏就成了人们怡情冶性之物。娇艳欲滴的翡翠、精工细作的木雕、天生丽质的寿山石、晶莹奇巧的琥珀、神圣高洁的佛珠……这些藏品无一不包含着博大精深的文化，值得我们去了解、探寻和研究。本丛书是一套为广大藏友精心策划与编辑的普及类收藏读物，除了各种收藏门类的基础知识，更有您所关心的市场状况、价值评估、藏品分类、鉴别以及买卖、投资的实战经验等等内容。

喜爱收藏的您也许还在为您藏品的真伪忐忑不安、为您藏品的价值暗自揣测，又或许您想要更多地了解这些收藏文化的历史渊源、趣闻轶事，希望这套书能够给您满意的答案。

Precious Appre ciation

行家宝鉴

翡翠

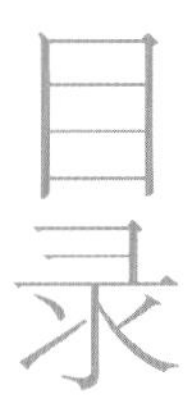

第一章

翡翠缘起

第二章

分级与鉴赏

第三章

赝品与瑕疵

第四章

购买指南

第一章

翡翠缘起

第一节

产地与厂口

翡翠产于什么地方?

有一个民间传说讲，太阳神带了三个蛋给自己的女儿，女儿把这三个蛋带着出嫁，嫁到的那个地方以后出产翡翠、宝石、黄金，这个地方现在在哪里？就是今天的勐拱一带。

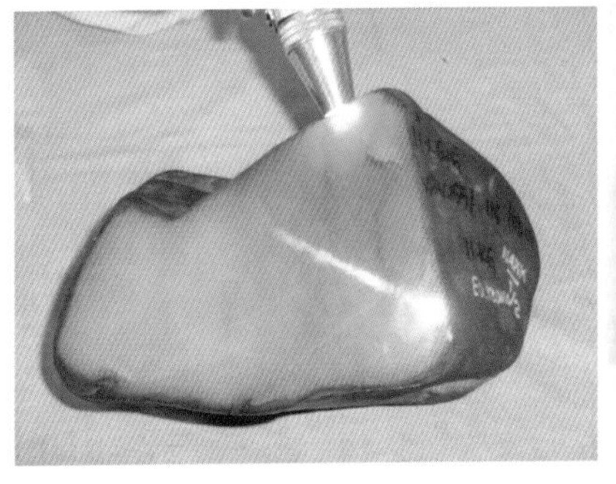

翡翠透光性

“玉石以红白分明透水者为佳，翡翠色为上品，其名不一，均出勐拱”。翡翠产于缅甸北部的勐拱、密支那等地。

由于腾冲靠近密支那，有的人认为腾冲出碧玉。“自元代开滇以来，数百年间，产于北缅甸之珠宝玉器玛瑙琥珀之属，因交通发达，愈为内地人所注目，商人采集，转贩各处。云南地当中介，为重要市场，故购卖珠玉者，辄或疑云南为其产地。”1885 年，英侵占缅甸，从此翡翠玉产地缅甸成为固定的说法。

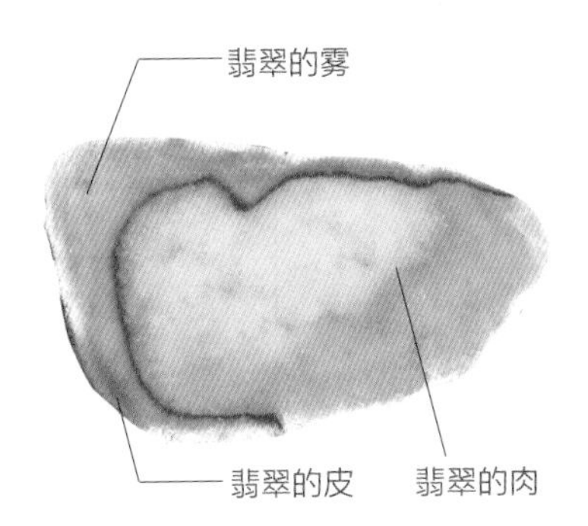

勐拱现属缅甸克钦邦，位于勐拱河右岸，曼（德勒）密（支那）铁路由此经过，南距曼德勒 492 公里，东距密支那 27 公里，居民大部分是中缅混血人和掸人后裔。

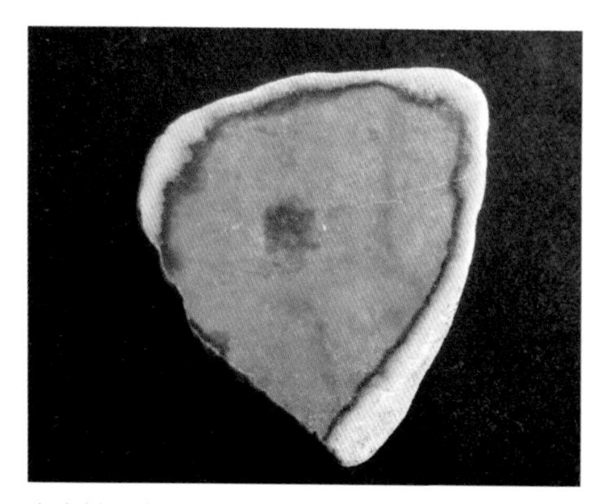
老山料结构

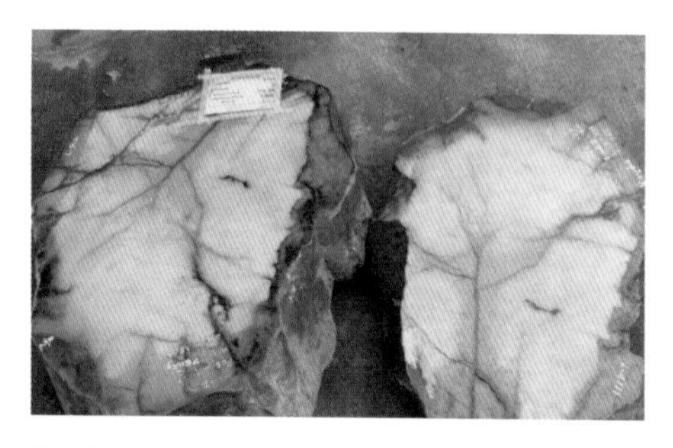
在原石中打裂是常有的现象，俗语道“不怕大裂就怕小裂”

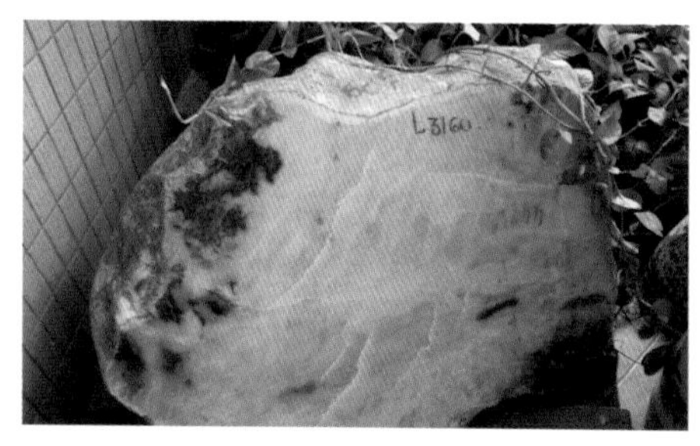

春带彩玉料

据《缅甸史》介绍，勐拱城的建立与该地所属地方产生的玉石大有关系。第一个勐拱土司珊龙帕，在公元1215年封为土司，传说他从南拱河（勐拱河别称）上游，距今勐拱不远的地方渡河时，无意中在沙滩上发现一块形状像鼓一样的蓝玉，惊喜之余，认为是好兆头，于是决定在附近修筑城市，并起名勐拱，意思是鼓城。从此，那块玉就作为传世珍宝，由历代土司保存。

勐拱物产丰富，除产玉石外，还特产紫胶、香柏木制用具，古有香柏城之誉，特别是翡翠无暇的绿玉，堪称世界独有，历受商人贵达的向往，得好玉一件可平地致富，腾冲等地侨民即谋生于此，富商巨贾以购玉富及十世。皇宫官员，以帽珠、玉雕为显贵。腾冲晋家园即是元朝太监晋公公采购宝玉的住宿地而得名。明成化十年（公元1474年）云南镇守太监钱能，即因索玉不遂诸端兴兵。历史上有大批华侨移住这里，该地有华侨营建的关帝庙和财神庙。由于华侨从云南出境开采和贩运玉石的关系，过去有人称勐拱玉石为“云南宝石”。

勐拱素有“玉石之乡”的美称，市民大多从事玉石开采、加工和制作。勐拱又是琥珀、金、树化石、红蓝宝石的重要产地。

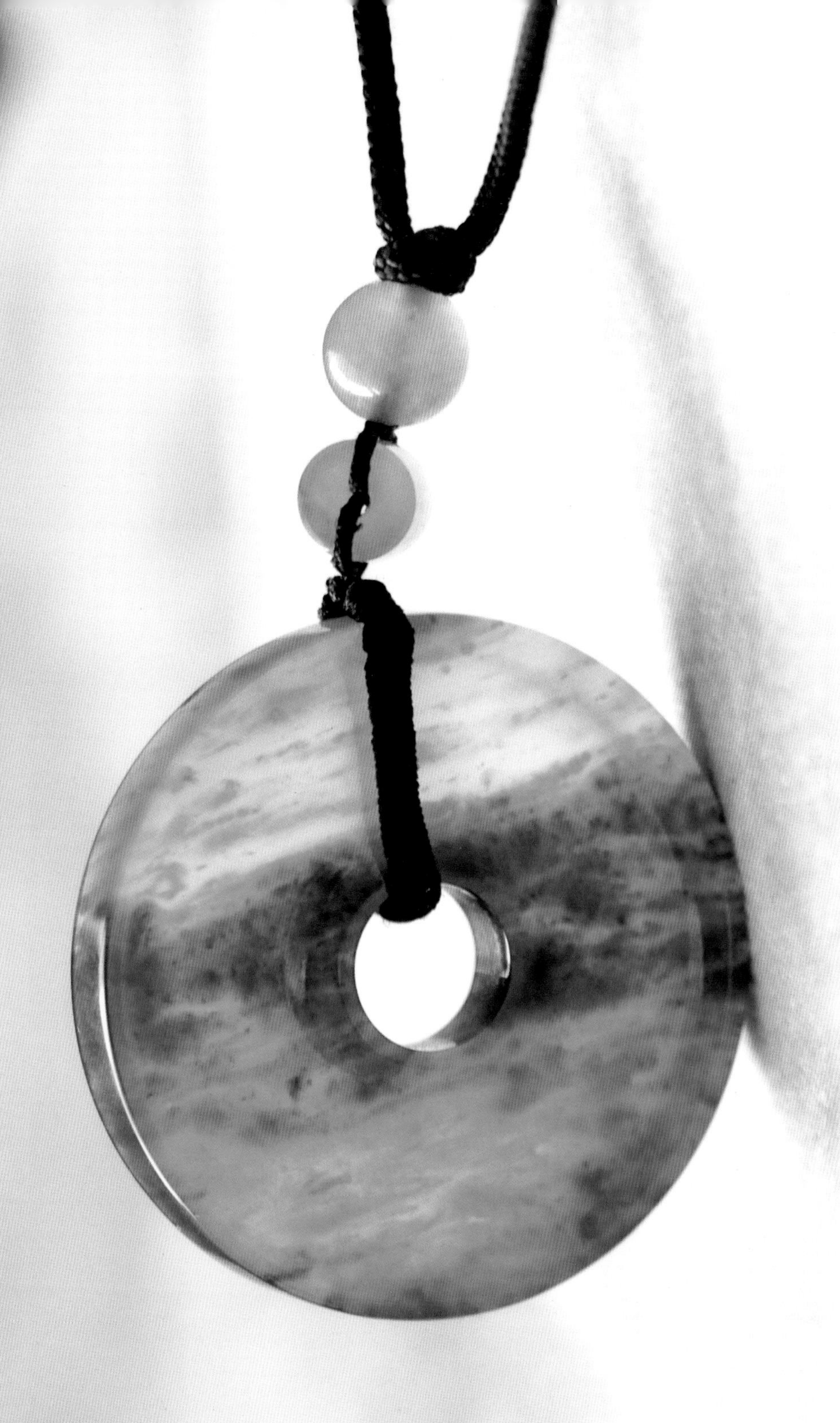

冰玻种阳绿平安扣挂件

老种与新种

翡翠老种与新种的出现始于老厂与新厂，或老山与新山。

翡翠老厂居勐拱西，雾露河上游。由于冰川的作用和长期受地表水的浸泡或冲击，呈漂砾的卵石产于河中或半山半水中。一般包有一层多孔隙的黄色、灰黄色皮壳。

翡翠新厂玉，又称新山、新坑、新种。发现时间晚于老山玉。产于翡翠的原生矿床，没有经受足够强的风化浸蚀或水流冲击，处于残破积层状态下。

翡翠玉料有一定的棱角，质地较粗糙，界于老种与新种之间，质地的细腻程度、透明度也介于二者之间的，称新老种与新老坑。

老厂，黄色皮壳

新厂，无皮壳

糯地春带绿彩手镯，价逾 80 万

雾露河（又称帕敢河）

翡翠厂口

以缅甸北部帕敢为中心的孟养、孟密、坎底、勐拱的雾露河流域，翡翠产地面积 3000 余平方公里，是雄视全球的珠宝玉石富矿区，有著名的抹谷宝石矿、勐秀宝石矿、老银厂和帕敢玉石矿。帕敢处东经 96°，北纬 25.5°，旧属密支那府，腾冲到密支那公路全长 190 公里，即可转道进入翡翠矿区。

新山玉原石

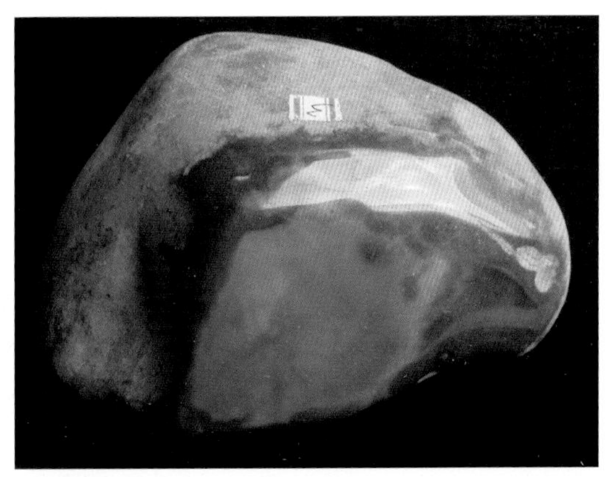

老山玉原石

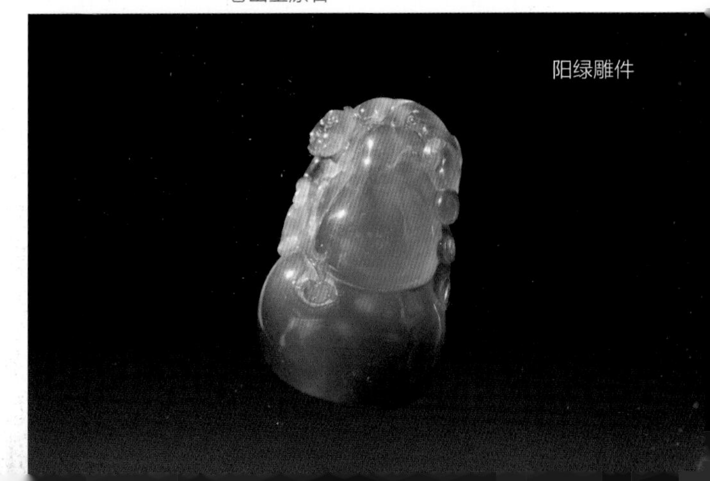

阳绿雕件

翡翠产地布满上百个至数百个产区和矿洞，星罗棋布，产矿较著名的玉矿厂口有：

帕敢

位于雾露河西岸，距龙坑不远，是一个长条形的村镇，在其周围分布着帕拼、巧乌、三杰、麻蒙、莫当、莫现等矿区。在老帕敢对面有个地方叫“勒马碘”，意即挖下去一寸就产玉。帕敢是具有悠久历史的玉石产地，现为玉石厂的主要市场，住民约2000余户，房屋商店林立。该地以产黑砂皮壳玉石著名。

凯苏

华侨认为从前有中国人凯苏、凯福等兄弟3人在此地开采而得名，为老厂。后来英国人又接替开采，一件石头几百人挖，无法挖取的就用炸药炸，其碎片太多，被运到外出售，故称凯苏玉。现流行于市场的有微薄绿色的小件新山玉并不是凯苏玉。

帕敢

帕敢

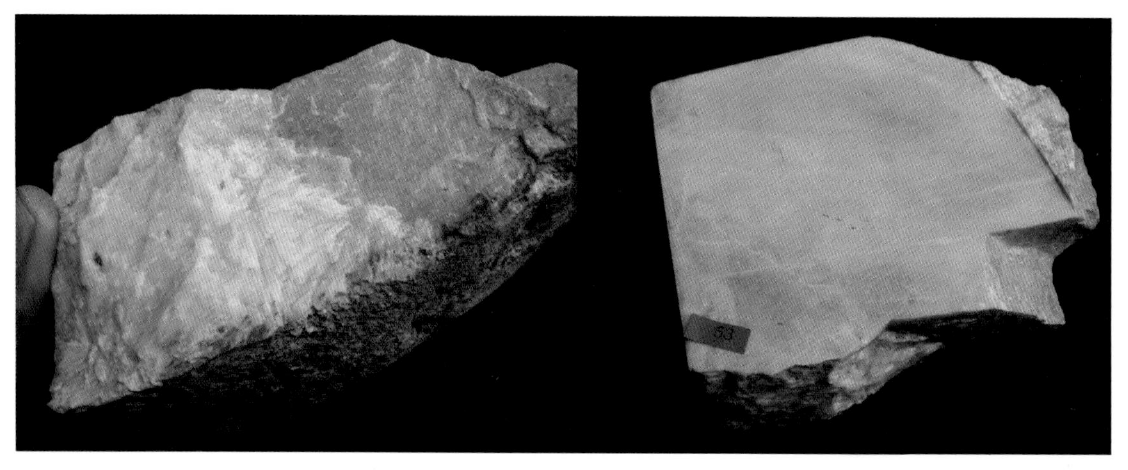

凯苏

麻蒙

在雾露河岸旁，过去这里产的玉很多很好，采玉的人都汇聚于此，已经挖掘罄尽，现以出“乌砂”玉闻名。

会卡

帕敢出去一天路程，属尖练司辖，现为克钦势力管辖。所产玉皮薄，为黄、白砂皮等，透明度好，但绿色不艳。有的带油光。历史上曾获一件大玉名称“绞朵玉”，意为玉石王，做成五戒石。

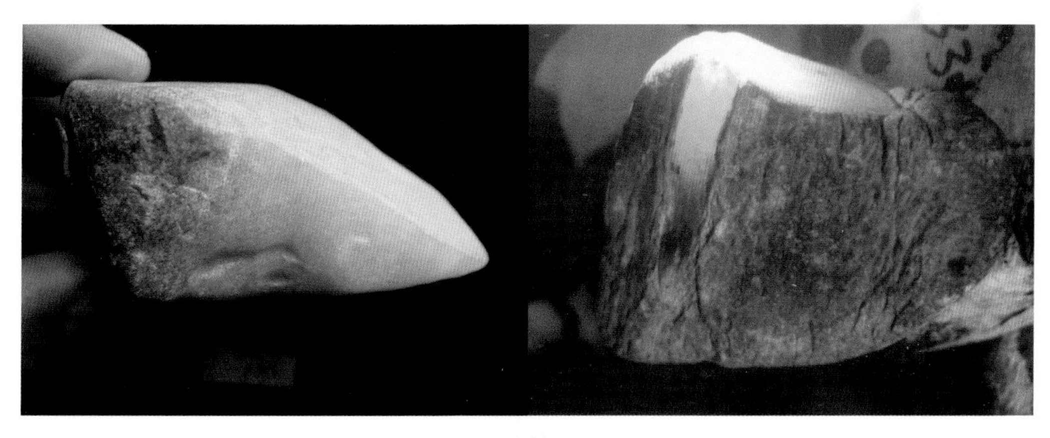

麻蒙

会卡

刀磨砍

刀磨砍

又称打木看厂。处雾露河下游，会卡西南，距帕敢 59.4 里，该地水石较多，色为水绿，透明度好，皮有黄白等色，原料块度较小，一般 1—2 公斤，最大不超过 3 公斤，所产玉多带油光，加工中很受光，能反出几种颜色，该厂是翡翠产地的佼佼者。

木那

在雾露河以北山上，以方位分上、中、下三个厂口，以出白颜沙，慈姑皮。

木那

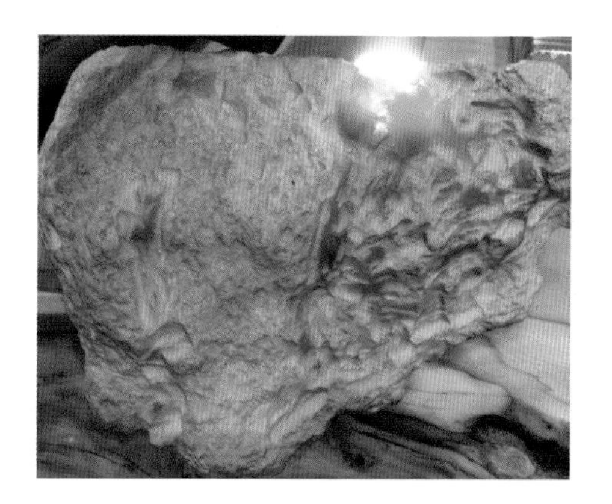

摩西萨

后江

刺桐卡

摩西萨

该厂出的玉矿质地细润，光洁度较好，白的起萤。

后江

又称坎底。在与印度接壤的后江，属老厂。所产玉以很薄的黄黑色皮壳和带有蜡状光泽为其特征。原石的裂隙发育，可能为挤压破碎带中的产物，石质细腻，结构致密，透明度好，色碧绿或带黄色，位于矿带上层的原石璞带黄色，经琢磨后，绿色能加深一成；下层的原石外表为浅黑色，带蜡皮、琢磨后成品的绿色能深二成。所产玉越光越好，很“受做”，易加工，是戒面的理想用材，俗称后江石。也有的由于颜色过艳，加工出来反而显黑。近年来，此地又因产乌砂而闻名。

刺桐卡

其特征是绿多在表皮，象膏药贴一样。

铁龙生

特色厂口

铁龙生

一种含铬较高而呈现浓绿的玉矿，其硬度、密度、折射率与翡翠一致时，若水种较好，可视为较好的翡翠；反之则不属翡翠范畴。

沫之渍

水种较差的绿色玉矿。

铁龙生

铁龙生

沫之渍

沫之渍

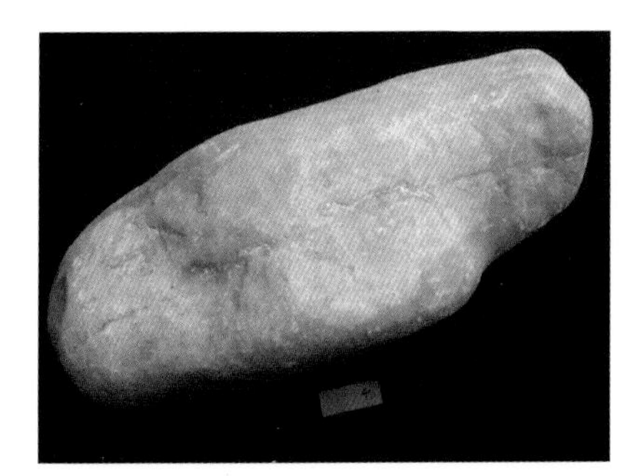
滚个子

药个子

滚个子

一般是把不太好的新山玉通过磨滚光滑，再埋到土里，加入一些腐蚀溶液并沾染物，使其快速出现近似老山玉的皮壳，并将稍微有色的部位磨出抛光，以冒充老山玉。

药个子

把经过染色等手段至色的玉石，做上假皮壳，以冒充老山玉。

八三玉

是指1983年在缅甸翡翠产地出现的新厂，是一种水干、底差、结构疏松结晶粗大的最低档的砖头料，全部用来做翡翠的B货。

砖头料

全部用来做翡翠的B货或染色翡翠，若不进行人工处理是毫无用处的翡翠原料，它是翡翠的一个品种，其矿物成分及物理光学三要素均同于正常翡翠。因其结构疏松，结晶粗大故用酸处理后易改变它的透度，并容易充胶增色。处理后水较好，但佩戴时间长或日晒后，色调会发生变化。

葡萄

帕敢东北葡萄所产的葡萄石。

葡萄

第二节

玉的开采

挖取翡翠时，一边是挖掘机取出土石，一边是抽水机抽出坑中积水

玉石开采的方法一般比较原始，《永昌府文记》曾记下了古老的开采方法，“洞位或方五尺咸方一丈，每届冬季率壮丁数十名来，披荆斩棘，披茅为屋，工商同居，挖土凿石，历二三年之久，深达三十余丈，始见玉石，取玉之时，有洞权者咸进洞内，按尺寸划分界限，然后积薪烧之，薪尽火灭，泼之以水，使玉自裂，敲取较易，负出洞外卖与汉缅商人”。现在工具改进，大可不必再用此法。一般历时三四个月或一年才能挖一处洞矿，上有土层，下有石层，再下方到矿石处，也有挖数尺即获玉石的，叫草皮矿，但上品不多。玉石还有生命线，有些玉当水色已成熟时，又被挖出，就会出现老象。相反，有的时间不到就被挖出来，就会水色都嫩，先天不足，这些与出土时间极有关系。已经成熟的筋裂较

大料带色具有雕刻前途

大，硬而脆，是老的；正在成熟的，就比较软，有柔韧性，这种娇嫩的石头，周围的土都带有绿色，说明正是颜色的形成时期，但挖出不到一个星期，绿色就逐渐缩入石中。玉石厂80%的石头都比较嫩，凡是能挖出高色翡翠的洞子旁，都有孔雀石，俗称为“铜汞”。

玉石厂还有一个奇特的现象，就是在纳莫河以西，各厂所产石头，经人敲口以后，不久又会新长出一层皮在新口子上。而该河以东各厂所产玉石，敲口时间再长也不会生皮，这与当地的土壤，地质结构气象条件极有关系。

正阳绿玉料

“十春九木”是紫色玉料的特征

第三节

翡翠加工

翡翠加工程序细分有20多道，大致可以分为分解、打磨、抛光、钻孔等程序。

分解

像剖解木料、石料一样，将大料剖解成需要的材料。对待大块玉料，原始的方法是用火烧后，浇水使之炸裂，但易使玉料质地遭受破坏，往往把好料变成次料。第二种方法是拉丝，工具是以铁丝作弦的竹挽弓，用金刚砂和水做磨料，来回拉动，将玉件解开。火烧与拉丝历史悠久，直到今天，缅甸玉石厂及腾冲玉雕工人还采取这二种方法对待大料。拉丝方法虽然速度慢，但对玉件的质量无损害，并且可以做到恰到好处。

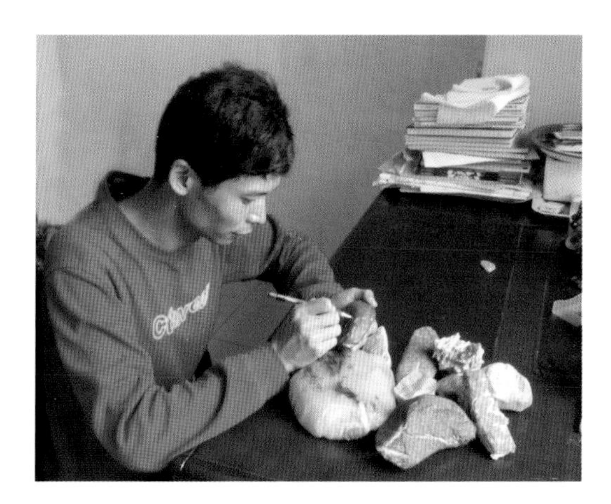

玉雕大师杨树明先生在精心设计翡翠制品

打磨

即是把玉雕制成各种需要的东西。“玉不琢，不成器”，“琢磨”一词，就是来自玉的加工。1949年前用金刚砂轮，脚蹬手磨，边磨边加粗金刚砂，之后一直沿用。现在使用自制的虫胶金刚砂轮，一般一个砂轮，由虫胶2.5公斤、金刚砂2.5公斤合制而成。1977年后引进了苏州工艺机械厂制造的磨玉机，上海、天津、北京产的钻面粉电动砂轮工具也先后引进。

正在雕刻中的观音

抛光

好比给玉器穿上时髦合身的衣服。工具是布托，原料是 160 号至 300 号细金钢砂（碳化硼）和抛光粉（氧化铬氯），玛瑙粉也可以用来抛光，现已引用美国进口的白抛光粉。对有棱有角的、高档的玉雕或大型工艺品还是适用老方法手工抛光较为保险。老方法由于系手工，容易控制机器速度，虽然耗费工时较多，但棱角槽沟、线条精细清楚、发亮，不似完全的机工粗糙，故在玉器中，“老工”价格高于“新工”。从玉的开采到加工，最后成了制品，其过程真正体现了“艰难困苦，玉汝于成”这句话。

横机

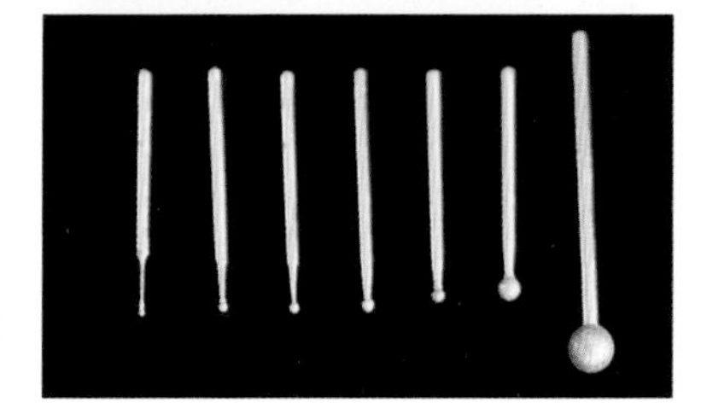

雕刻工具圆球

切机

钻孔

在翡翠首饰雕琢工艺中，有些玉器如锁排、耳片、鸡心等需钻孔，以便与其他金属材料连接成型，各种悬垂的翡翠坠及将大块玉料挖空时均需钻孔工艺。

凸面形玉石款式很多，归纳起来不外有圆形、椭圆形、心形、垂体型、多角形、十字形、双凸形及不规则形等。

多面形玉石指外表磨成许多小平面的玉石，通常由透明度强的玉石（也有不透明的）切磨而成，因质地较好的多面形玉石外表及内部均能反射光线，微动之下即可产生闪光的效果，呈现多变的装饰趣味。

圆形玉石及珠子圆形玉件都是琢磨而成的，珠子经过摇光或其他处理方法，即可串连出各种各样的首饰制品。

手镯的选择最忌断裂

由上图整件翡翠原石解出的手镯，有色但质地一般，为一般制品。

巧色三彩坐观音摆件

第二章

分级与鉴赏

第一节

翡翠品种

翡翠品种

玻璃种翡翠

明亮无暇，晶莹剔透，质地细腻，具玻璃光泽。玻璃种翡翠与老坑种翡翠质地一致。好的玻璃种能在照射下“莹光”闪烁，美丽高雅。

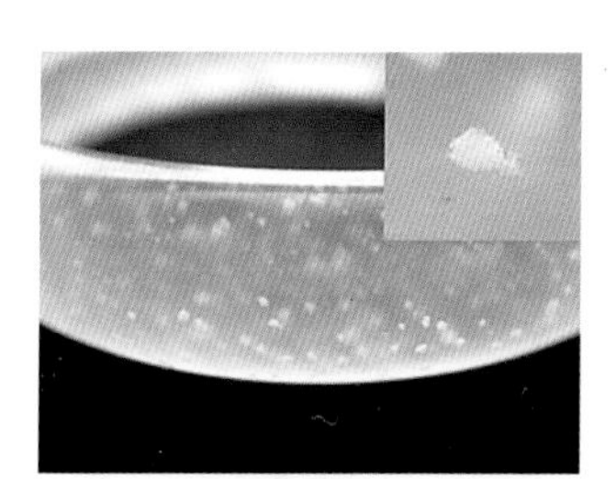

玻璃种

冰种翡翠

透明度略低于玻璃种，半透明，清亮似冰，给人以的冰清玉洁的感觉。分冰多、冰少，冰中三个层次，冰种与玻璃种一样都属于高档翡翠。

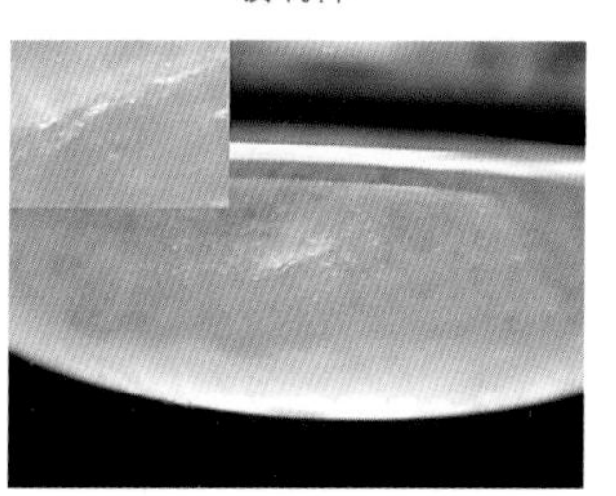

冰种

糯种翡翠

透明至微透明，整体色泽混沌均匀，色泽化得开，糯得均匀。

糯化种翡翠

具柔和光泽较透明的种。

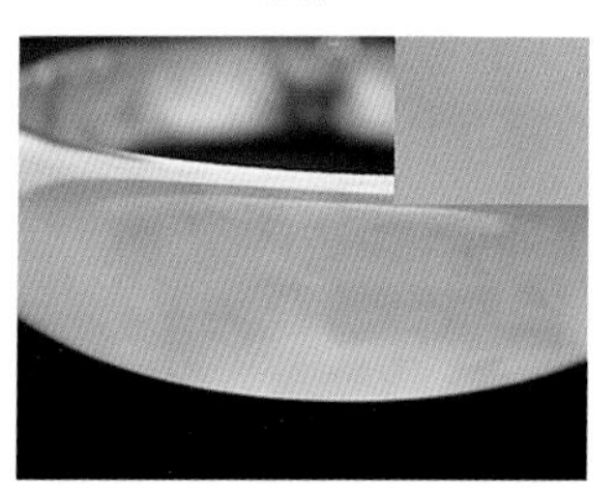

糯化种

芙蓉种翡翠

广片

钛龙生

干青种翡翠

紫罗兰翡翠

又称春，有高中低档次。带绿等色的称春带彩。

白底青翡翠

绿色在白色的底子上，白绿分明。

红翡

颜色鲜红或橙红，具喜庆色彩。

豆种

晶体颗粒较大，其光泽透明度不佳，“水干”，有粗、细、糖、冰豆之分。

芙蓉种翡翠

淡绿色，其底子略带粉红色。

广片

绿得发暗或发黑，透射光下为高绿，反射光为墨绿，“绮罗玉”耳片是其姣娇者。

油青种翡翠

其光泽有油亮感，含灰色、蓝色成分，有的比较细腻。

铁龙生 由于铬致色绿得鲜艳，但色深浅不一，透明度低，有的结构疏松。缅语“铁龙生”意为全部的绿色。好的铁龙生做成薄片装饰品，有很高的观赏价值。

干青种翡翠 颜色深绿呈墨绿，带黑点，不透明，光泽弱，水干，矿物成份主要是钠铬辉石，也含有硬玉等矿物成份。

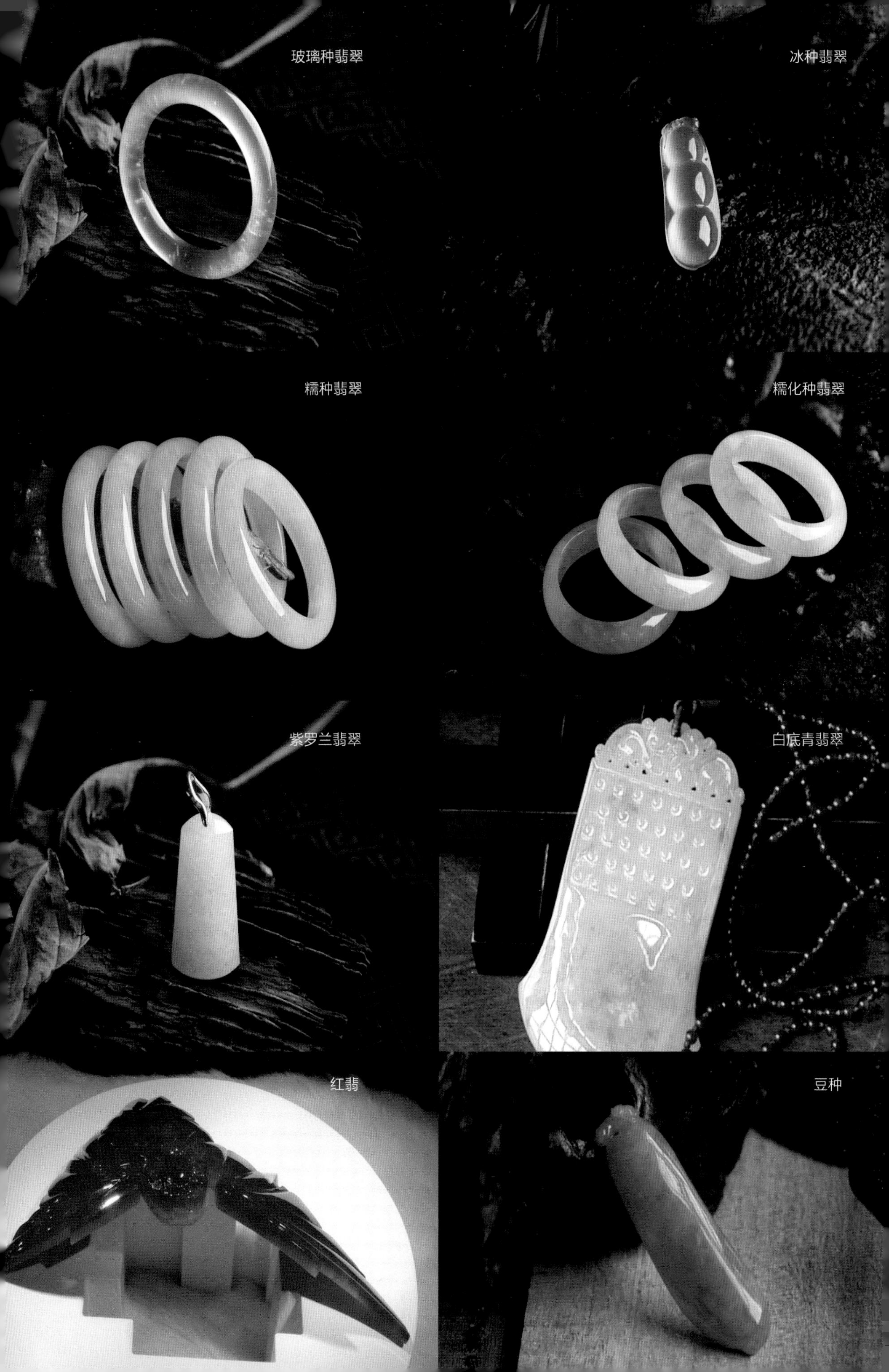
玻璃种翡翠
冰种翡翠
糯种翡翠
糯化种翡翠
紫罗兰翡翠
白底青翡翠
红翡
豆种

干青和铁龙生的区别在于：干青铬含量较高，辉石发生了变化，而铁龙生主要是硬玉或铬硬玉，一般水头要超过干青。

其他还有癣包、水种、跳青、墨翠、金丝种、花青、雷打种、瓷地、福禄寿等翡翠品种。

福禄寿手镯

与翡翠容易相混的玉石

近年来在翡翠市场常出现的相关玉石有：

水沫玉

有黑、兰、绿、红等色调，透明度很好，矿物成份主要为钠长石，次要为硬玉、绿辉石、透辉石等，硬度 5.5 ~ 6.0，相对密度 2.56 ~ 2.64，折射率 1.52 ~ 1.53。最近较多出的白、无色、墨等类色的手镯、挂件制品，经质检鉴定多为石英岩。

不倒翁

产于缅甸北缅甸部，绿色呈点、带状，一般透明度较好，主要矿物为水钙铝榴石，滤色镜下呈红色。硬度 6.5 ~ 7，相对密度 3.41 ~ 3.44，折射率 1.71 ~ 1.72。

黄龙玉

昆究

产于缅甸，半透明，灰兰或蓝灰色，颜色呈团来状、带状。主要矿物为透闪石、阴起石，还有少量铬铁矿等。硬度 6，相对密度 2.96 ~ 3.02，折射率 1.62 ~ 1.655，实为软玉。

黄龙玉

产于云南龙陵。可能是硅质玉家族的一个新种，它与石英、玉髓、玛瑙有较大差别，其含“蜡”质成份可与一般石英石相区别。黄龙玉是一个非常优秀的玉种，有翡翠般的质地，田黄与和田玉的润泽，浓郁而丰富的色彩，非常可贵，从外型上分类有山料、籽料、半山半水等多种。

缅甸杂石 有点象红翡，但皮红在表层，整个的红很少，容易与黄龙玉和红翡相混。

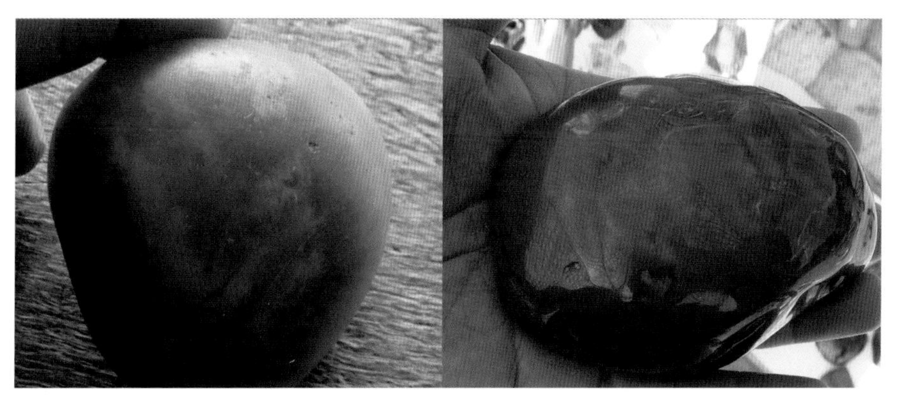

昆究　　缅甸杂石

鉴赏三要素

质地

翡翠的质地体现在“种色水底裂”五个字上。

“种”

是指翡翠的结构状况，即其综合素质，其结构细润、均匀、紧密的称为老种，反之则为新种（老种也有结构差的），老种玉已经从石中脱颖而出，不再具有较多石性，而进入宝的行列。棉多、杂质大、颗粒粗的叫“石性大”，应从种的角度进行否定。种好的翡翠由于结构密度大，反光性、折射率较强，看起来周护着一环“晕”或“宝光”，看着很是漂亮。

“色”

指玉的绿色，绿的等级、形状、多少、厚薄、分布等也决定了翡翠的价值。以翠绿、苹果绿、秧苗绿为上。种好色绿的翡翠不多而且价格高昂，常见的多为红、蓝、黄、紫等，这些色调若产生于优质种好的玉料上，都有较高的价位。有句行语说“外色看色，内行看种”，就是认为种好是色好的先决条件。

阳绿荷叶雕件

该戒面色，不浓不淡，中庸柔和

“水”

是指翡翠的透明度，与种很有关系，是玉质地的表现，通常以玻璃水（几乎全透明）响糖水（半透的冰糖）、糯化水、糯冰水（兼冰种与糯种的优点）表示四种上乘的透明与半透明度。

“底”

是色以外部分的纯净程度，它与种、水都较为相关，是对色的应衬及烘托。好的“底”称为玻璃底、糯化底、冰底。不好的“底”称为石灰底、狗屎底。水差的翡翠称“底干”。翡翠的“底”从好到差，可分为：玻璃底、糯化底、糯玻底、糯冰底、冰底、润细底、润瓷底、石灰底、灰底及狗屎底等。

“裂”

是指翡翠中的裂隙，这里裂与纹、绺是有区别的。裂中有后期充填物，用指甲可以扣到，而纹与绺是闭合的，没有充填的，指甲扣不到。石纹绺与水纹是正常的，不在裂的范围内。上乘的翡翠制品几乎不允许有丝毫裂纹，一般制品，应排除断痕和裂纹的毛病。

决定翡翠质地的这五个方面，特别是前四项，可以说是互相包容而又各自独立存在的，一般言之，种色俱佳的制品，其水其底也是上乘的，但若水种不好，则谓之浑，不清爽，将直接影响其质地的好坏，裂同样是影响其种色价值的重要原因。

在鉴赏翡翠时，质地的好坏是主要的。质地好的玉料可以通过设计制作把其材质美最大限度地发挥出来。种、色、水、底俱佳的原料，如做工新颖巧妙，艺术性强就是绝世佳品。质地差，做工再好与好料好工相比，价格相差上若干倍。

做工

翡翠制品首先要原料优良，再加上做工上乘精细，设计合理新颖巧妙，寓意深邃，琢疵剔瑕，层次分明。其作品还应具文化内涵，翡翠玉雕作者若为艺术而创作，不论原料好坏，是艺术品的均有一定收藏价值。

大地乳汁

翠戒

绿坠

色彩

收藏翡翠艺术品，应尽量收藏那些绿色多的饰品。翡翠就是以绿为主的，要认知“翡翠无绿一世穷”的古训，当然绿多、绿好、绿正，种好、水好、杂质少，无瑕疵毛病，这些都是应该考虑的。

也就是说翡翠的鉴赏主要集中在材质美，雕刻设计的创意美及精雕细刻的工艺美等三个方面。

在翡翠的收藏上，还可以总结为原料优、创意新、雕工精与货品奇四大要素。

绿手环

第二节

优劣鉴别

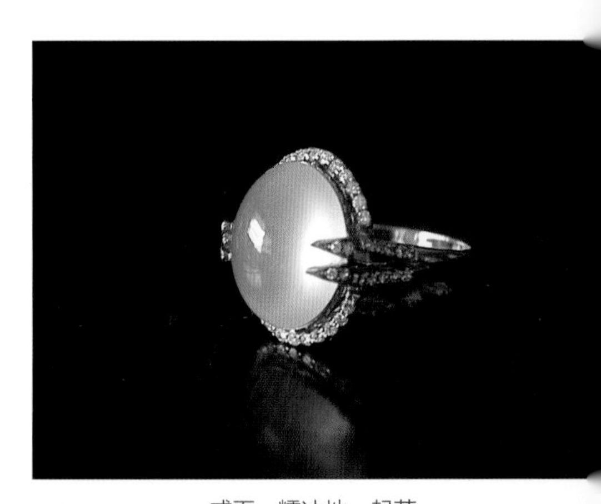
戒面，糯冰地，起荧

俗话说“神仙难识寸玉”，意思就是说识别翡翠好坏比较困难，一般有经验的玉商，全凭眼力，似乎无什么定规和标准。其实哪有不被人认识的事物，翡翠是可以识别，能够识别的。那种轻视书本知识，认为“看书的不会”，“会的不看书”的说法是带有片面性的。为学会识别翡翠，先介绍一下有关的名词。

水

指翡翠的透明度，用光线在玉料中能通透的深度、广度来衡量。如“2 分水”就是光线在玉料中能达到的深度是 2 分，约 6 毫米。也常以物比喻，把半透明以上的称为“玻璃水”，近似半透明的称为“糯化水”，不透明或透明度极低的称为“无水”或“水干”。

正阳绿戒面，洁净无暇

正阳绿戒

色

指玉料的颜色，玉有红、绿、蓝、黄、春、灰、白、黑等色，以红、绿、春三色为主。红、绿、春三色共存，或红、绿、黄、蓝、春五色共存的玉器非常惹人喜爱，价值较高。绿色、浓艳纯正的春色、红色均是玉料中的高档颜色，尤以绿色为贵，其商品价值就表现在绿色上，最为人们重视，在国际上享有“东方瑰宝”的美誉。

翡翠的绿色以“浓”“阳”“俏”“正”“和”为好，反之以“淡”“阴”“老”“邪”“花”为差。

所谓“浓”，即颜色青翠的绿色，也就是深绿而不带黑色。反之“淡”，指绿色淡，显示无力。所谓“阳”，就是鲜艳明亮，反之就是“阴暗”。阳绿即使淡一些，也会使人有新鲜感，惹人喜爱；阴绿即使深浓也不受人

红翡

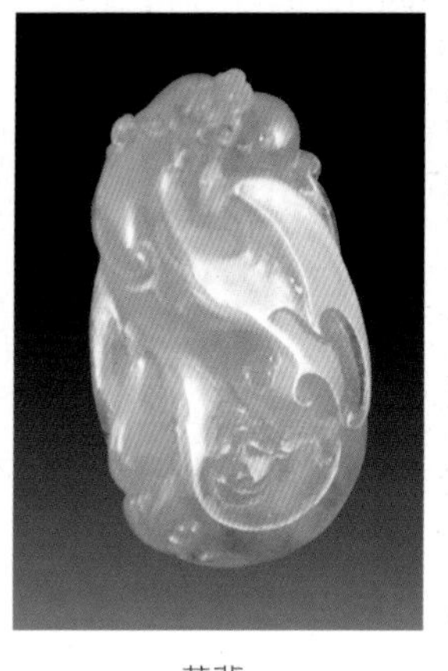

黄翡

冰紫

白冰

欢迎。所谓“俏”，即漂亮或具有青春之意，俏绿色显得美丽晶莹，反之便是“老”和“平淡”。阳俏之绿有鲜艳可爱之感。所谓“正”，就是绿色不带青、蓝、灰、黑等色。如带有这些杂色则称为“邪色”，价值就低。所谓“和”，就是“匀而不花”之意，颜色均匀。如果绿色呈丝条状或散点、散块状就是“花”，也影响价值。

如具备上述前5项者为上品，属后5项者为次品。如按绿色的浓淡、深浅、纯正程度、水份好坏又可分成若干等级。

满绿色珠项链

帝王绿戒面

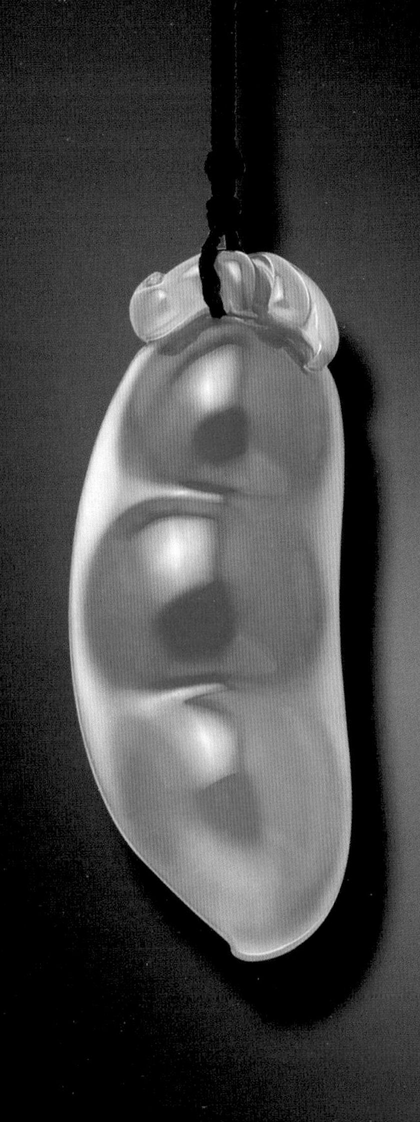

糯化种苹果绿完美四季豆挂件

上等的

宝石绿：色似绿宝石，色纯，水份好，又名“祖母绿”。

玻璃绿：艳绿透明度好。

秧草绿：翠绿如秧草，绿中略显黄，更觉鲜艳阳俏。

艳绿：色浓而不黑，纯正、鲜艳。

次一色的

浅阳绿：绿色淡，纯正，入眼漂亮。

浅水绿：绿色淡，均匀分布，但不够鲜艳。

菠菜绿：绿色浓，略显黑，不够鲜艳。

再次一色的

蓝绿：绿中闪蓝，绿不显。

瓜皮绿：绿中显青色。

油绿：绿中透灰蓝色，不鲜艳，但水分较好。

蛤蟆绿：绿中透蓝透灰，夹石性较大。

灰绿：绿中闪灰。

绿色越纯正越好，忌闪灰夹黑和过份闪蓝闪青。

绿色的浓淡厚薄常用“色力”一词来衡量。一个浓艳满绿的戒面，无论摆起从各个角度看或者拿起悬空看，都不减色，称之为“色力足”，又叫“亮水”。如果摆起来看绿色为浓，但拿起来看显得浅淡，这叫“色力不足”。还有摆起来看发暗，透视起来显绿，则叫“罩水”。

祖母绿胸坠

秧苗绿耳钉一对

淡秧苗绿大肚佛

青水地

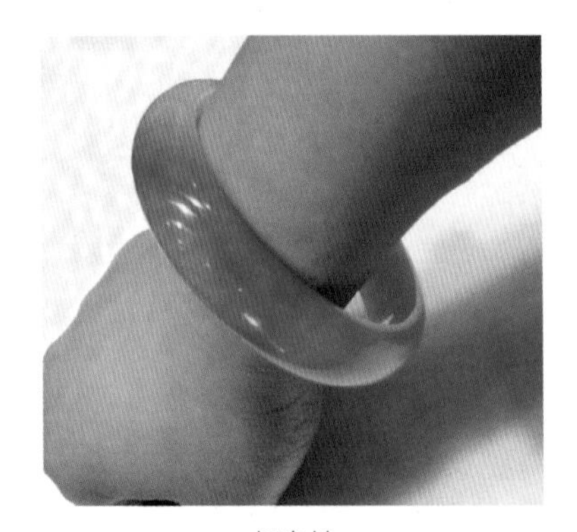

细白地

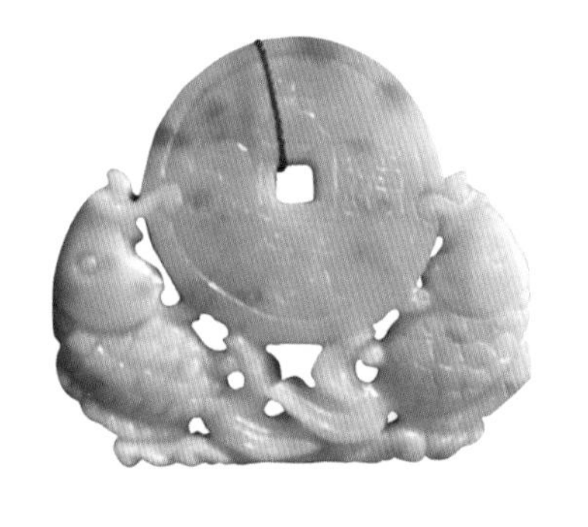

瓷地

底障

皮壳以内无绿色集中的部份称为底障，色即寄存于底障之中。底障有白、油青、春、淡绿、花绿等色，夹灰夹黑是不好的底色。人们常以水、色比拟生活中常见之物，命名底障，如玻璃底、冰底、灰水底、紫水底、元青底、香灰底、芋头底、狗屎底等。有的又把底色称为“情”，如玻璃水带春情、玻璃水带蓝情等。底障以质地坚实、细润、洁净、水分足、底色均匀漂亮为好。底障坚实细润、硬度高的玉料抛光之后，表面非常光滑，在光的照射下光芒四射，称之为“宝气重”；底障洁净通透才能显现其中的绿色，给人以一汪绿水或碧绿如滴的感受。底障的好坏直接关系到玉石质量的等级和价值。

翠性

硬玉中细小晶粒呈星点样，片状闪光，有如阳光照耀下的蚊子翅，称为玉石的翠性。翠性大的玉石闪光成片状分布，翠性小的闪光不明显。独山玉、岫玉、烧料、塑料等无翠性反映。

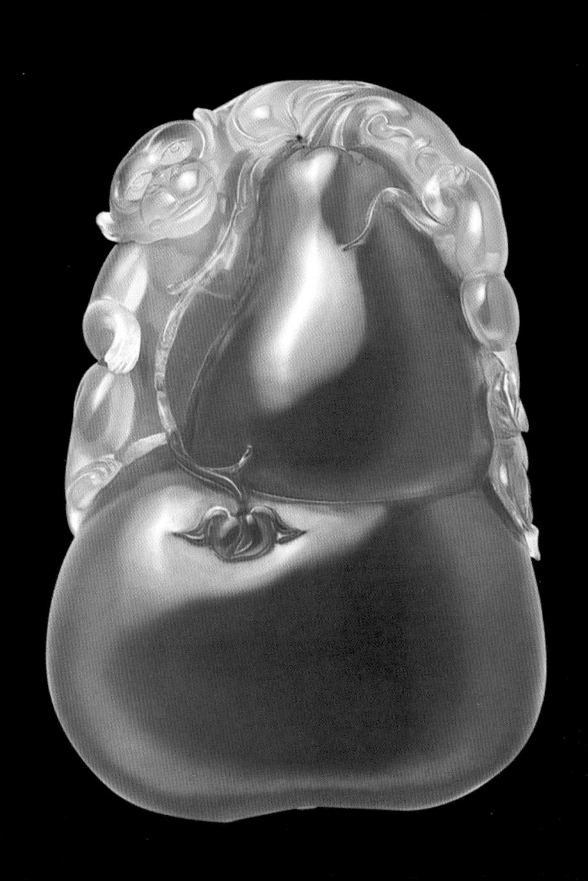

佛寿如意坠，微偏蓝

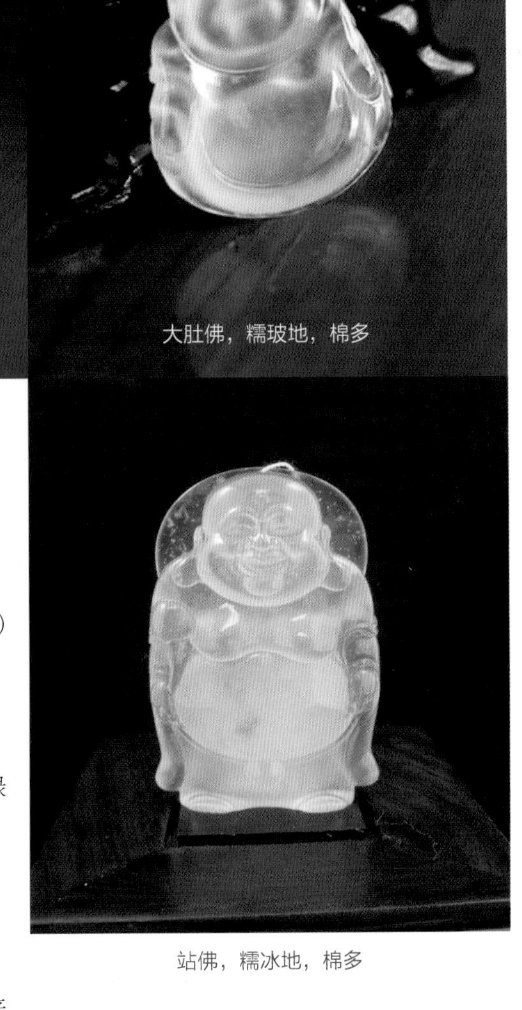

大肚佛，糯玻地，棉多

站佛，糯冰地，棉多

绺

指玉料中的裂痕、裂纹。

坑口

指玉石生长的山坑。分为“老坑”（或老山）玉和“新坑”（新山）玉两类。

材料大小

翡翠材料不仅通体全绿的极少，而且尽绿的体积大的也不多，大块绿的尤其难得。因此，满翠绿色的材料越大块价值越高。

品种和规格

凡是饰品，首先应从种色的优劣、大小来考虑，如件头大、种质好、绿色多的价值就高，反之就低。一般种色的饰品，应看其造工精细与否、规格比例适合而定。如戒面长 2cm，宽 1. 3cm，厚 0. 5em，二边面为合适；普通玉片，内径 5. 3cm，条子 0. 84cm 为宜，圆者为好，

不合规格的为次；玉花件应看其大小、厚薄、有无裂纹、造工精糙而定，以种色好、造工精致、大件、无裂纹者为好，反之则为一般；若是普通种色、细件且薄、裂纹虽少，但造工不太好的比一般的还次；如种色不太好，又薄、又有裂纹、造工不太好的则属次品。

糯玻地龙牌

完美度

指一件玉器有无裂纹，杂质的轻重程度。无裂纹无杂质的叫“完好全美”，价值则高；反之毛病重，能显著看到（不用放大镜），甚至断裂，价值便低，尤其是普通玉片、马鞍戒指、圆戒指、耳扣、手镯等，有毛病以致裂断则价值更低。

成对成套

有些玉器，用途要求成对的，如耳环、手镯、三环扣等；有些需要成套如镶嵌别针、镶嵌镯的戒面、蝴蝶的双翅、镶嵌的胸花，由于成对成套，其价值高于单件 20% –30%。

糯冰种浮雕凤凰挂坠

第三节

鉴定常识与方法

相玉方法

一、方式

首先是鉴别玉料的皮壳、绿色的真假，应将玉料洗净在阳光下反复详察。古老的方法是使用不透光的金属卡片如白铁片来观察，把铁片竖立压在洗净的玉料上，转动身体或玉料，让自然光（直接使用太阳光或强灯光都可以）从铁片的一侧射入玉料上，人眼则从铁片另一侧观察。这样直接从玉料表面反射的光线被铁片挡住不能进入人眼，进入人眼的光线是射入玉石内部被漫反射后又穿透出来的光线。这样看可以对皮壳的内层做一些了解，这个方法对于开口的玉料或无皮壳的新山玉较适合，可以了解玉石底障的好坏、颜色的有无和走向，在一般的自然光下能看进二分水，认识到底障水头的好坏。现在则已经引进了滤色镜，将要看的玉料置于光线下，在滤色镜下观察，

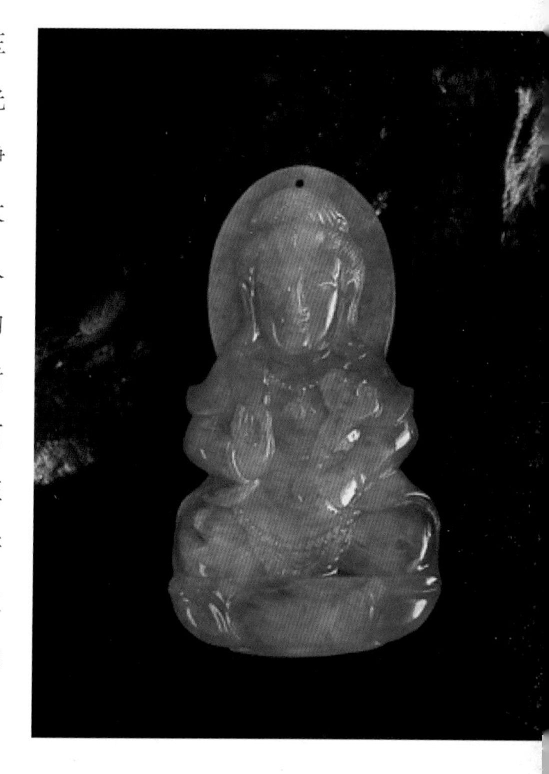

蝉
冰清玉洁，一鸣惊人。
杨树明 作

可以辨认出颜色的真假。假色如果是电镀的，在滤色镜下泛红色，如果是浸泡的显白色，真色则不泛，但葡萄玉（又称不倒翁，硬玉成分仅占 30%），在滤色镜下仍然泛红，该玉较好的仍然是高档货。

绺裂一般凭肉眼就可看出，在放大镜下就更清楚了。油抹过的玉，在油未干时，可起隐蔽裂纹的作用。看玉一般上午 9 点至下午 3 点，晴天为宜，不宜在阳光下看，因为在阳光下深色（即绿带黑的）易见好。天色暗时淡色易见浓，不应在阴暗处看，因为这样看其色会超过真色，也不宜在灯光下看，因为灯光下绿色特别好看，红、黄色易散淡，更不宜在日光灯、水银灯等有色灯光下看。看玉必须高度集中注意力，逐步移动工具把整个玉料看遍，甚至反复看遍，而且边看边动脑筋，调动自己的相关知识、经验，回忆所认识过的玉料，与被观察的玉料进行对比判断，最终得出结论。晚上看玉料，应持慎重态度，一般不看，行家则照看不误，因为他们已经总结了规律。成功的玉商，与其说是运气好，倒不如说是更善于识别和运用规律罢了。

翡翠项链

二、要领

随着生活水平的提高，购买翡翠制品的人越来越多，由于翡翠制品价格高昂，加之出现大量赝品，缺乏鉴定常识极易上当，这里将鉴定要领简介如下。

掂试重量

翡翠比重在 3.3~3.6(g/cm) 之间，赝品除美国加利佛尼亚产的加州玉、南非特兰斯瓦尔玉、危地马拉玉比重在 3.25~3.48（g/cm），与翡翠相似外，其他比重都较轻，特别是烧科翠玉、胶玉、粉石、绿翠石、信宜石掂于手中，不像翡翠玉有沉重之感。

辨别色泽

翡翠有不透明、半透明和近乎透明等，颜色有翠绿、苹果绿到白、红、绿等都有，颜色鲜美，光泽喜人，不易变色，且浓淡均匀清澈，天然而成结晶凝重。料翠是一片过。胶玉颜色不鲜艳，一片过。粉石的颜色浮而不鲜，一片过。粉石的颜色浮而不鲜。南非玉浑浊带黄，在黑暗处用灯光一照，绿色不见，变成黄色。炝玉、电色玉的色泽是绿带浮蓝，色中有蓝点或蓝丝，且有些黄气，

苹果绿观音

无色起荧观音

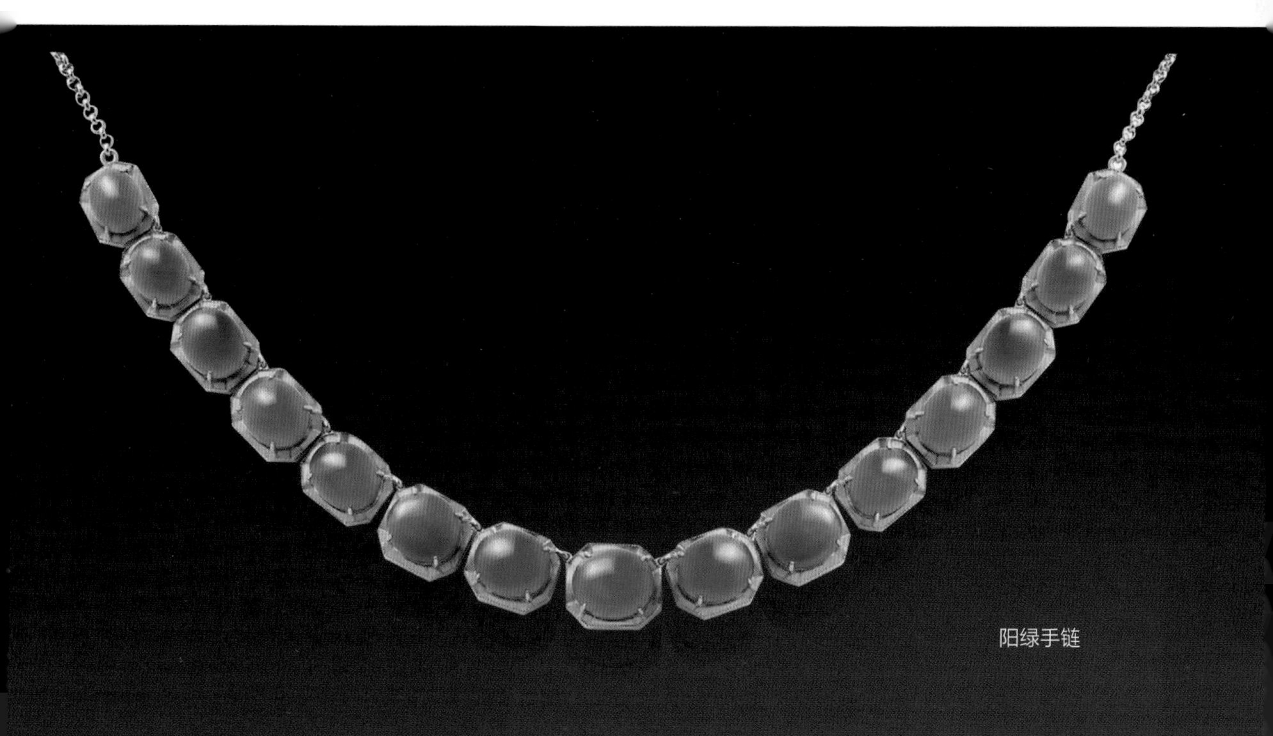
阳绿手链

颜色远不如真翠玉的翠绿。在电色玉里，如有裂纹的地方，其蓝丝更为显现，而真玉的颜色裂纹内外均相同。电色玉放置日久，其颜色会褪掉，渐渐转为黄色、蓝色、白色，如用沸油煎之，绿色全部褪尽，真玉其色是永远不变的。染色翡翠，用棉棒沾上涂改液一擦，马上就会变成蔚蓝色。美国马萨秋赛次公司，可用放射性辐射照处理方法，把玉石变为人民所喜欢的颜色，还可用激光给玉石上色，这种赝品除用特别的光学仪器鉴定外，一般难以识别。

玻璃地飘花手镯

察看水珠的张力

用一滴水就可以鉴别玻璃和料翠。在工艺品，水滴会扩展开来，而在晶质的翡翠或宝石上，水滴将保持它的圆珠状。在试验之前，必须把工艺品的表面认真地清洁干净。

察看包裹体

料翠内多有气相包裹体，人造玻璃的包裹体为圆型、棱形，真的翠玉没有气泡。

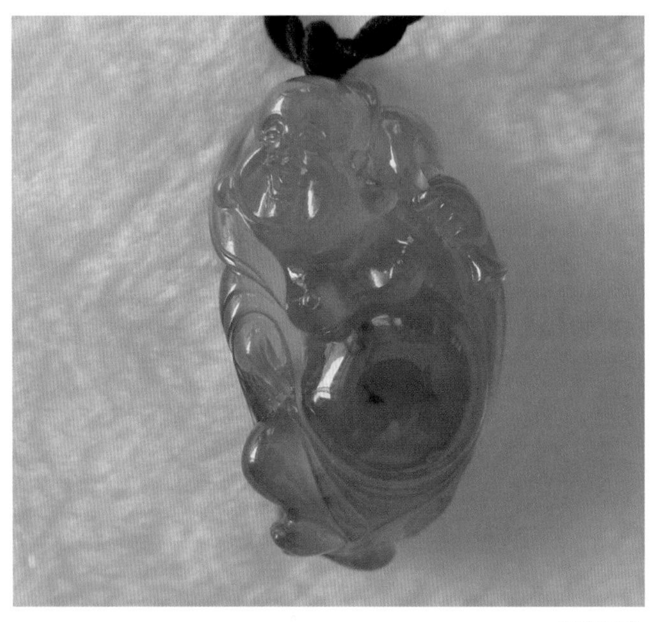

翡翠吊坠

玻璃地飘花手镯

糯地手镯

检查硬度

翡翠硬度6至7,晶体结构紧密,质地坚硬,破口处不平滑,参差不齐,呈晶粒体,敲击声音低而坚。烧料翠玉质松,硬度4至5级,破口处平滑发亮,同玻璃一样。胶玉用小刀轻划之,便见痕迹。成品相撞响声不脆。

评价玉主要看色彩及“水”,要从颜色的浓淡、透明程度、色泽的均匀及“瑕疵”等方面来考虑。以绿的如冬青树叶经雨后受阳光映照所发的深绿为好,色泽越淡越差,并且浓淡要均匀,任何杂色斑及痕迹裂隙均匀为瑕疵。透明度越高越好,要浓绿而清澈,晶莹凝重者为佳。优质翡翠是玉中珍品,20两黄金买不到一两绝好翡翠,被称为玉中之王。劣质的玉价值很低,甚至不值分文。

如果收购金镶的玉制品,首先用厘戥称一下原价重量,然后估计金有多重,成色高低,加玉件值多少而定价。

镶嵌的饰物,应先分清是否是翡翠和白金、足金、k金镶的,因为有些镶密底的饰物,可能有涂绿色玉、夹心玉、挖底玉、刷色玉以及其他各种伪品,应特别注意。如有怀疑,最好征得出售者同意拆下来认真鉴别后才定价。

不浓不淡满绿手镯

翡翠玉器，落地易致碎裂，在看货计价时必须小心谨慎。最好右手拿货，左手预置其下，这样万一失手，货不致跌落地下。如看玉厄，用食指串在其圈内，可防止落地。其次注意包装，如薄花件、生圈、高档绿翠玉厄等，受震或碰撞容易造成裂烂，最好用棉花垫好、包好、防止破坏。

买玉料石，要特别注意以下情况：

大块玉石开小窗，擦小口。此种玉料一般裂纹较多，且二层石的可能性大，问题多，故不敢开大口。

以火烧的办法，用新山玉代替老山玉。因这种玉敲口处水不好，绿不正，火烧后使人看不清，高价出售。

购玉时不能只看开门处，因开口处为最好部位。一定要对整个玉详细观察，从工艺角度来定价。

购买高档玉料时，一定要看切口的盖子。有时盖子上有许多颜色，而在里面的主体原料上颜色十分稀少，一看即可断知越靠里颜色越少，卖者往往拿开切口盖子不让人看。对切口而无盖子的高档料，购时应特别小心。

有一层皮包裹而未有开口的玉料为赌货，最好不要买。因此物从缅地矿厂辗转到各集散地，已经多人研究，那怕只有一线希望，卖者都会着力地表现的。认定切开是要失败的，才以“赌物”出现。除个别幸运者外，很少有买赌货发家的。

有部分乌砂呈黑皮，事实是用人工把硬钠玉（表皮绿）的外表皮做黑再擦小口，卖高价。

有的敲口、断口，用光照射，绿得可爱，但不抛光。大部由于裂纹太多、水差、绿夹黑或绿不正等原因所致，应指出部位让售者抛光后再还价。有一玉全系绿带，但只有芝麻大一点抛光，开价要500万，有广东商人以300万买去，香港商人愿出价500万，广东人嫌赚得少，自己剖开加工首饰，结果绿内夹黑，只收回120万元。

翡翠的切口或一大片都是绿，往往是加工者沿绿的走向切一刀所致，实际上绿的厚度太薄。

价逾1亿的翡翠料子

高档色料

第四节

雕工巧思

翡翠的设计要掌握消费者的心理、市场的需求和预测，经济的效益、成本的核算、销售价的估计、制作的流程、加工的水平等等，从而才开始进入艺术构思。美观独特是成功设计的追求，时尚与传统、风俗与潮流也是成功的设计不可忽视的因素。

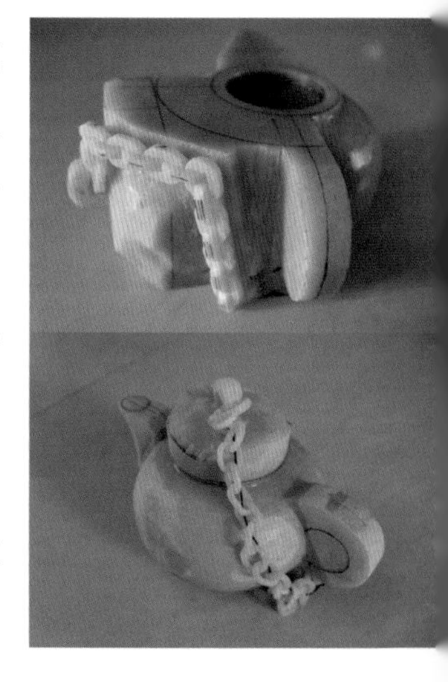

设计意图的传达是用图纸做媒介，也可直接将图案勾画在玉件上，像手镯、马蹬、玉锁、鸡心、戒面、八宝、十二属相及各种花件摆件等，可按图纸要求雕刻，亦可按画于玉件上的线条进行镌刻，熟练的工匠可凭平时积累的经验，按照“腹稿”进行工作，但最先工作时都必需凭借图案。首饰的设计图的绘制是采用 1:1 的规定，将所设计的意图以及工艺品造形的各部分明

确无误地表达出来。翡翠制品设计的一个要点是必须按照其色来决定构思、形状。如一块玉，绿的地方可设计摆件的龙头，红处设计为龙口所含的珠，其他淡红，稍绿和白的地方则为行云流水。一上等绿玉,有红斑及一些黑色条纹,匠人以红斑制成关羽的脸,黑色条纹制成五绺鬓纹,利用优劣巧夺天工，制成举世之作。有的绿必须同时出现在一对手镯相同的地方，使其有成对成双之感，由于设计必须根据颜色、形状而定，千变万化没有什么规定，工匠的运用之妙，全然存乎一心。

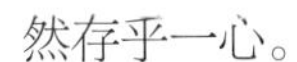

鸳鸯莲花

主题与意念

设计是创造思维活动，作者的个性追求以及幻想乐趣、都是设计的生命力，都能产生创造性的灵感来。优秀的设计师通过自己的设计，能给人以华丽高贵之感或清新淡雅之味，不仅如此，它还能传达出更多的人间情怀、哲理、追求和思念。

一个优秀的设计师，他能从自然界万物之中，从自我内心深处发掘到创作的契机和设计的艺术冲动，促发设计意念、形成设计主题，这是翡翠设计师成功的关键。

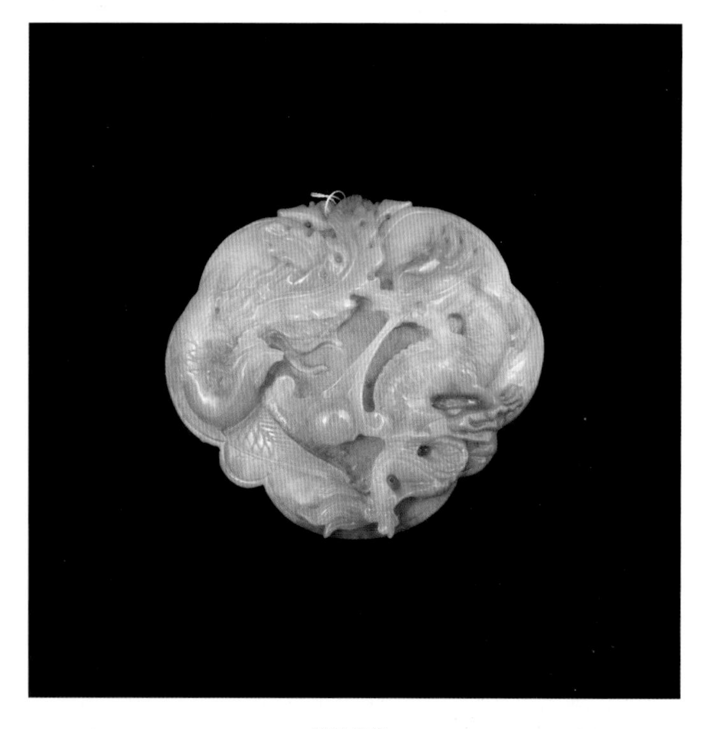

龙凤呈祥

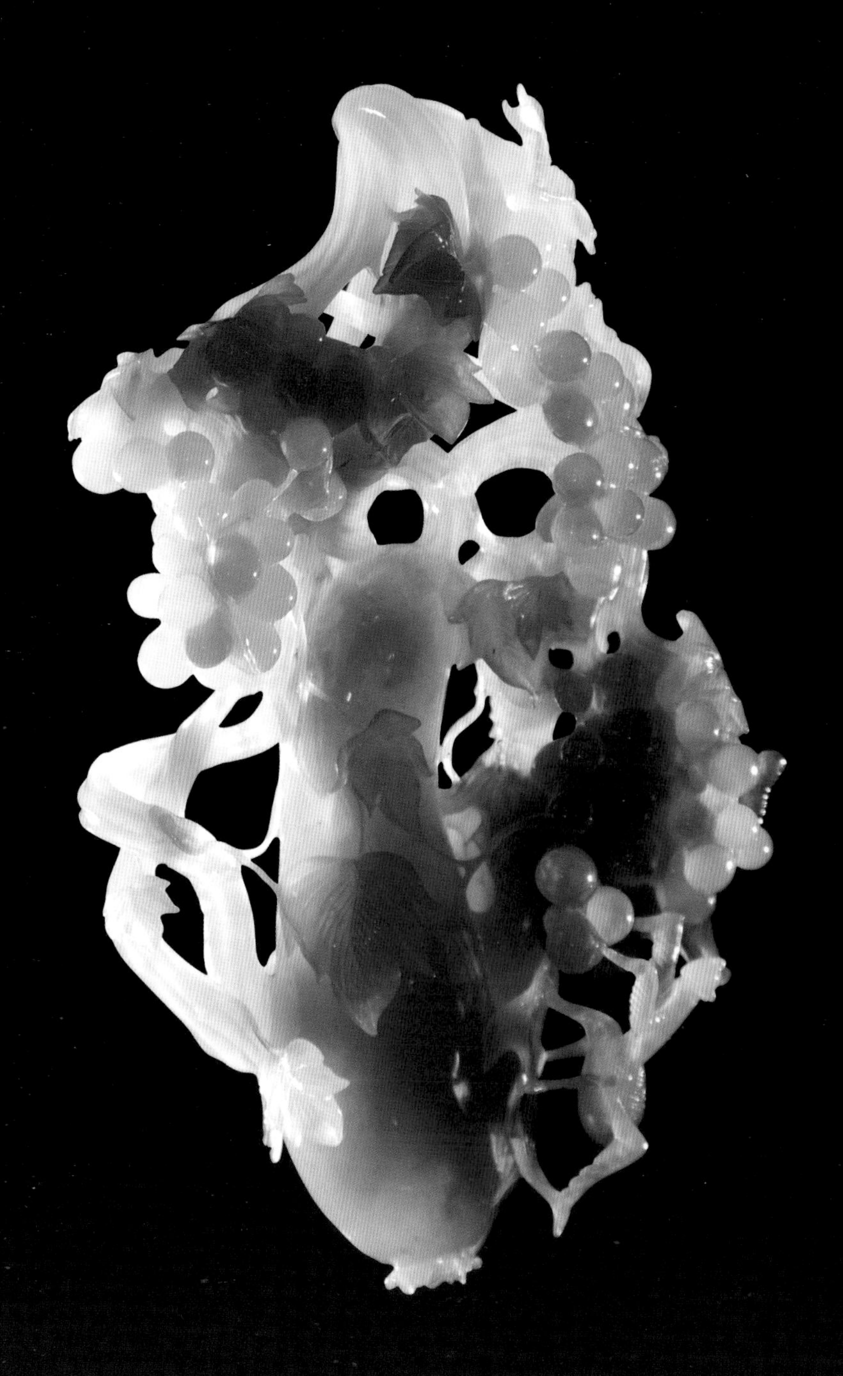

蓝彩葡萄雕件

元素与造型

与首饰一样，美观是翡翠设计的主要目的，配戴翡翠饰品及摆设翡翠制品，就是为了增加自己室内的美感，从而吸引旁人的注意力。因此，设计翡翠制品最首要的就是要创造一个美丽夺目而又有吸引力的造型。观察形象、分析形象、创造形象的能力是翡翠设计师应具备的素质。

有的人可以做为一个优秀的翡翠设计师，同时又是一个翡翠鉴定家，但未必是一个精湛的工匠更未必是一个有效的经营者。有的人善于经营、鉴定，却不善于设计和加工，正像金无足赤一样，在翡翠行中集数家之长于一身的人是不多的。

几何的图形，给人以庄重整齐之感。圆形与方形是两种对比形状，长方形与椭圆形又有别于前二者；三角形是变化较多的形状，尖朝上是稳定，尖朝下有动感，还有四方形、六边形、偏八角形、v 字形等，让人眼花缭乱。

大自然中的动植物形象，都是首饰设计的广阔素材，因而人、花、鸟、鱼、虫在传统翡翠制品的设计中应用不衰。自然的形象，令人产生亲切的趣味，有较浓的人情味，加上花草植物的美好象征，飞禽走兽的动人传说，应用于设计中就更耐人寻味了。如“十二生肖”、“九老”是应用得最普遍的。

抽象的形态变幻无定，特别受青年人的倾心。在设计上，抽象的形象直接来自设计师的灵感和偶得，它给人以新颖奇特之感，引人遐思幻想。

冰种紫罗兰绿彩山子摆件

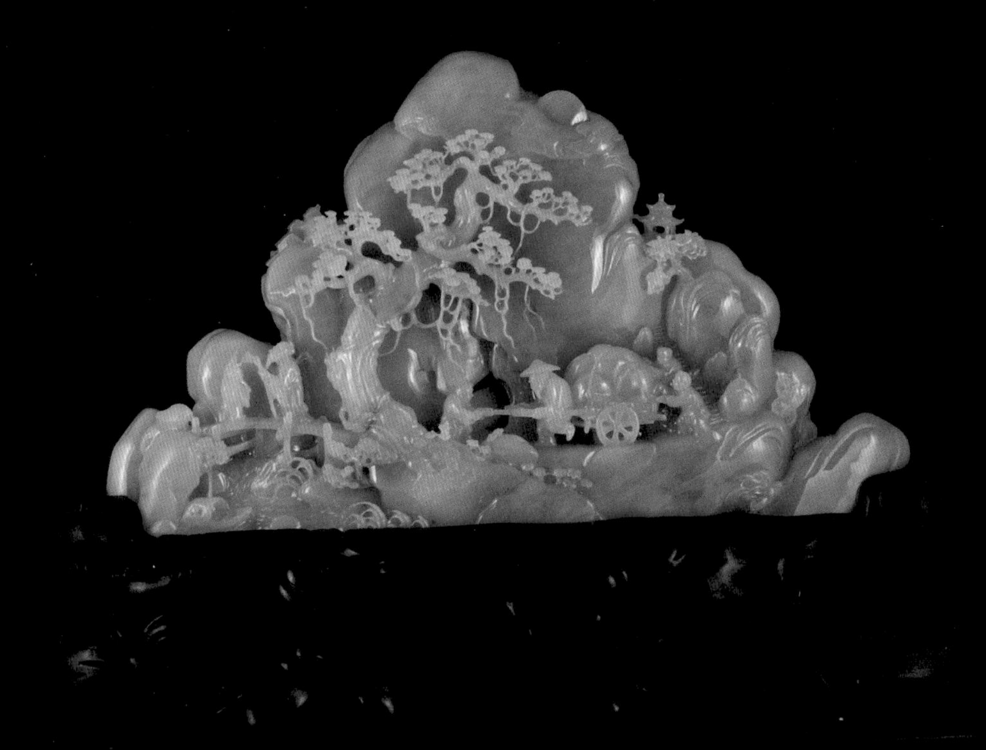

满载而归

色泽与光

“光”在首饰设计的各元素很重要，特别是翡翠饰品的设计，所谓珠光宝气、玲珑剔透所称赞的正是翡翠等制品的光泽之美。成功的设计能令其色彩缤纷，这与翡翠制品的色泽、厚薄大有关系。一般墨玉、油青等“罩水”好的玉，宜制作得薄，越薄越好看，用做戒面，其黄金或镀金戒架，一般要形成“通底”，即戒架不能留底，便于光线通过，将其照绿。一般绿色稍淡，色力不太足的戒面，则应制成“满底”，即有底，至多留一小孔，让光线通过。有的戒面显得色力不够，又不留有通孔，戒面就会显现出戒架底的颜色。因此，有的人利用这一点将绿色或绿塑料片放在戒架底上，以制作假色戒面，使人上当受骗。

设计绘图

首饰设计绘图可根据用途分为两大类：其一为意念表达图，俗称效果图，是绘给顾客或卖家的图样。其二是制作施工图，俗称结构图，是用来跟工厂的师傅沟通的语言。效果图多以简洁快速的手法完成，用最短的时间来表达出设计的精萃，贵重饰物的设计图可用长时间绘得精细如真。效果图的绘画手法可多种多样，铅笔淡彩，针笔加色，以及水粉重彩均可。施工图主要是表达设计中的结构及需要说明的细节，并通过绘图形象将工序、步骤解释清楚，把设计的原意表达出来。尺寸比例均要准确详尽，必要时须画出正面、侧面和剖面。

昂贵价值

翡翠为世界著名七大宝石之一，雄据首位，被称为“东方瑰宝”，一粒完美的翡翠戒指，价值超过全美的钻石，在东方民族中，对翡翠的向往超过其他有色宝石。它是财富的象征，具有最大的投资性及增值性。慈禧死后殉葬品中有很多翡翠制品，如翡翠西瓜、桃子、白菜、荷叶等，还有 20 尊翡翠佛。这些制品雕琢精致，巧夺天工，先是二件翡翠白菜，当时价值一千万两白银。抗战前用黄金 20 两换回翡翠 1 两，高涨时 100 两黄金买不到最高级的一两翡翠，而一粒戒面不过 5 分重。北京玉器厂有火柴盒大小的一件“龙凤呈祥”玉佩，价高达 180 万人民币。在来比锡博览会上，我国展出一件一尺高 16 层的玲珑宝塔，价 300 万美元，博览会刚展出，即被一美商买走。1989 年在北京雕成的“岱岳奇观”等四件国宝，所用翡翠最大一块重 363.8 公分，如将 4 件翡翠加工成首饰出售，每一块玉比“常林钻石”的价值贵几倍。1989 年香港苏富北公司拍卖一串 66 粒的翡翠项链，成交价为 260 万港元；一个翡翠观音成交价 528 万港元；一对翡翠手镯，成交价为 1232 万港元；一对翡翠仕女雕，成交价为 1765 万港元。

香港与内地拍卖行在翡翠拍卖标价中，据统计超过 300 万以上的艺术品，近 20 年中不下 500 件，翡翠在人们心中的价值，可以想见。

黄阳绿怀古挂坠

行家宝鉴

Precious Appreciation

第三章

瑕疵与赝品

第一节

常见的仿冒品与赝品

为了识别翡翠，必须区别赝品，曾在社会上流行的翡翠赝品有：

塑料

塑料的颜色均匀刻板无自然感。时间稍久就有硬伤、牛毛纹，翡翠则无。翡翠贴于脸面上冰凉感大，塑料则小。塑料的比重明显比翡翠小。

烧料

质轻，内部常有明显的大小气泡。时间久了也会出现硬伤、牛毛纹而失亮。烧料为玻璃性无玉石的翠性反映，断口处呈贝壳状。翡翠断口处参差不齐不发亮。烧料的颜色均匀刻板，翡翠颜色大都不均匀，有深有浅。

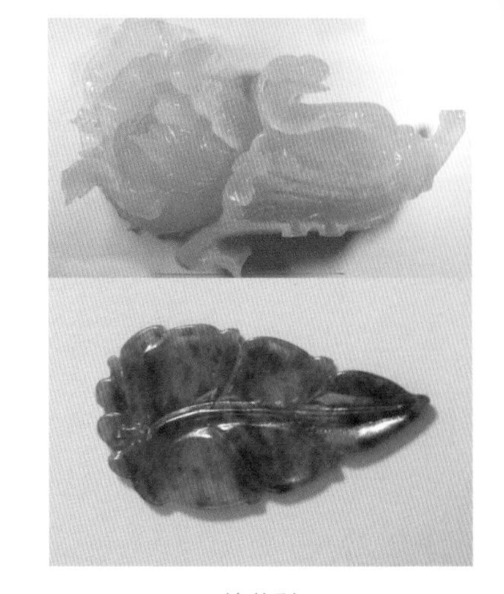

埃莫利

马来玉

埃莫利

20 世纪 80 年代出现，即脱玻化玻璃，是经过人工脱玻化作用，使非晶质的玻璃部分“重结晶”。正交偏光下如晶质集合体，肉眼看上去类似棉花状物，放大检查为类似厥叶的结构，其色根为网状结构，它的物理化学性质都同于其他玻璃仿制品。颜色为艳绿色，具粒状结构，粒隙间见染料，没有翠性闪光，手感也较轻。比重、硬度比翡翠差得多，颜色会逐渐变蓝泛白，是一种低价的假翡翠。有戒面、马鞍、龙牌等饰物，色似祖母绿，有飘散形的纹状分布，酷似高档翡翠。1986 年在中缅边境出现时，在腾冲曾经一粒戒面售到 8 千元，1988 年有人曾以 5.5 万售与一位香港林小姐 2 颗戒面 1 块龙牌。1990 年每粒戒面价尚在 100 多元，现只在 10 元以下。此物曾被称为马来西亚玉，又称巴基斯坦玉，是最常见的一种翡翠仿制品。

软玉

颜色不像翡翠，绿色不均匀。有深有浅，软玉的颜色多均匀分布无明显色彩，其色夹灰色调，性柔少。在手上掂量软玉较轻，互相碰撞发音不似翡翠清脆，脸手触到无明显的冰凉感。软玉为河南玉、独山玉、岫玉、寿山石、新疆玉及澳洲玉，硬玉即指翡翠。

假皮

把新山玉料或一些绿色石英岩之类的玉料或石料，用粘料包上皮壳以充老山玉。可在怀疑部位刮下一些碎屑放入金属小盖内置于电炉上烧烤，凡有气味并冒烟变色的即是假皮。以水泥为粘料的假皮烧烤后用二指研磨有滑石粉的感觉。真皮上刮下的碎屑，无上述现象。

假皮

假口面

抛光粉上色

假口面

把有色的玉片粘在无色石料的开口上，再制作假皮掩护，称为二层石，检验方法同上。

假色

在成品或毛料中人工加色，又叫炝货，把无颜色、水头足的次玉加热至摄氏 100℃，放入绿色染料或铬盐中，浸泡炝为绿色。这样的炝货有臭味，绿色不正微带黄或蓝，且有点点药渣于表面。玉料受热而出现小裂纹，绿色染料大都浸炝入裂纹内，在强光下可见这种绿大都走入裂纹内，但有些翡翠也有随裂走的现象，即可用酒精棉球擦拭，假色即会染于棉球上，当然有做得较为高明，使人真假难分，唯一办法只有认真观察玉料的绿色。

翡翠的绿，无论在阳光下如何摆动，绿色的浓淡鲜明程度虽有变化，而绿色的纯正感受不变，炝货的绿色发邪，在阳光下摆动观察，其绿色中常闪现栀子黄一样的黄色。对于真绿色又染色加浓的补色，在阳光下摆动，除闪现药黄色外还给以细波纹的感受。炝货放置几个月后或曝露于大瓦数灯光及强阳光下，过一段时间，都明显失色，一般绿色先退，黄色后退，一眼望上就很不舒服。可以滴几滴盐酸，假绿即变为微褐色或完全除去。

漂白充填翡翠

俗B货、新玉、八三玉等，是将一般翡翠用强酸浸泡，腐蚀和溶解其杂质、脏点，使其变得干净透明，但其结构已遭到破坏而变得疏松，再将其放入釜中高压注胶，用透明的树脂或树胶，填充并粘连酸蚀后的缝隙，最后抛光为成品，大大提高了透明度，此法处理后的翡翠原称为“漂白货”或“洗货”，因漂白的英文第一个字母为B，故称为B货。1983年玉石场又产出一种翡翠，水干带色，经用制作B货方法的处理后，近似高档翡翠，故又称为“八三玉”。放大或肉眼下可见表面凹凸不平，有许多绺裂组成纵横交错的“沟渠”，透过光线见其结构松散，颗粒边缘界限模糊，颗粒破碎，解理不连贯，不同颜色间界限不清，且常带石灰石的基底。

B货

B+C货表面的网纹及填充物

套色或镀膜

在水好无色的成品上套一层绿色的胶状物，只要仔细观察，总可以找到光滑度、绿色深浅有别于它处的交接口，色只在表皮，呈环状分布而内部无色。

辐射致色

用高能粒子“轰击”天然硬玉，使颜色变浓，色较均匀，有一定深度，绿色围绕皮呈环带状，斑块状，翠绿动人，透明度好，但翠里透蓝，皮有“轰击”的痕迹，比未“轰击”的地方颜色略深。在加热的盐酸里浸熏会褪色，滤色镜下为紫红色。

套色或镀膜

成品垫色

在水好无色的成品玉料上涂色，把涂色面再镶入金属架内，其色不纯，发死且透蓝、灰、黄等色，因是背面涂色，看起来好像绿色在内浮着，且色上有裂纹。

毛料垫色

在一个老山毛料上凿一小块，平行于敲口解下约 5mm 厚的薄片，在薄片解口面中部磨凹一点后，染上绿色或贴上绿色纸片，玉件的解口面中部也磨凹一点贴上不透光的锡箔，然后把薄片和玉件的两个解口面合起来。把敲下来的皮壳磨细，配上粘料把解口粘合起来，甚至以有机玻璃镶在外面。有的在原石表层打孔加绿色涂料或制品，最后用同外皮一样颜色的泥沙把孔封死，皮上擦口以露绿色；有的将特级翡翠的绿掏去；在靠近表皮有翠之处留一开口，内部灌入铅块，这样的垫色极易骗人。当看到有敲口的老山玉且从敲口看到里面有绿，或凸凹痕迹人工现象明显就必须提高警惕，反复详查敲口边缘的外皮与其余部分外皮，在皮色的深浅和粗糙程度上的细微区别，测试比重，还可以放到 70℃热水里 10 分钟，审看有无冒气泡或脱落，再拿起来识别。

合光

在水分好的两片玉中央夹一绿色塑料片或绿色玉片或进行染色，再把粘合处人工造皮，称为三层石，这种绿发空，仔细侧看方可觉察其“翠”只从底面透上来，翠不在表面。

第二节

翡翠瑕疵

翡翠玉器的毛病究竟是那些？表现形式如何？应该如何对待？这是需要相玉者认真研究和总结的。现在翡翠市场上常出现的问题是，买卖双方有意无意的扩大或掩盖翡翠玉器的毛病，常因此相持不下甚至谈判破裂。

一、什么是翡翠玉器的毛病

与翡翠术语的解释一样，翡翠玉器的毛病同样有两个层次，广义的讲凡是种、色、水、地不好的都可以认为是毛病，狭义的讲就是有玉病和绺裂。玉病指的是翡翠玉料中存在的癣、脏、棉、吃黄、糟、嫩等。

癣包图

癣

翡翠中出现黑的部分的俗称。这种黑似窑烟如死灰，完全失去了生命力，被称为死癣或死黑，为翡翠玉器之大忌。在高档制品中，任何肉眼能看到的黑癣都是应该回避的。与之相反的是具有铬元素释放地质条件的黑，在适当的条件下就能使黑的部分变为浓绿，在强光的照射下绿得似汪洋大海，这即是翡翠行中称许的活黑活癣。

脏

是指该部分不够纯净，带有灰暗的褐色，褐黑褐黄不清爽的杂色。

棉

翡翠中出现半透明、微透明的白如棉絮般的杂质，有的如云有的似雾，形状有条带状、丝状、波纹状，其主要成分为钠长石，次为霞石、方沸石及一些汽液态包体等。

吃黄

翡翠中的绿、兰、白等颜色上间有褐黄，被其吃掉，民间还有一说法叫“酸降”，多指这种不够正的黄色对其正色的干扰。

糟

有的翡翠超过了生长的成熟期，出现老朽的状态，丧失了翡翠应有的结构

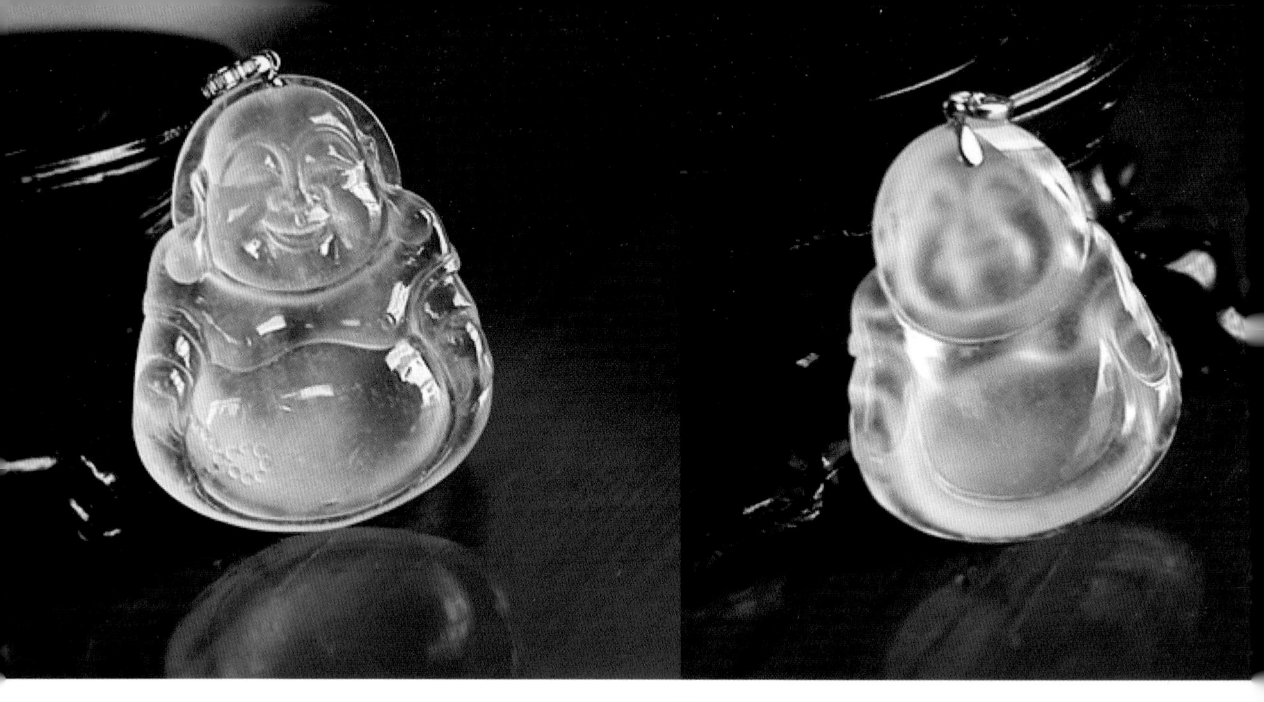

棉

与硬度，只保持翡翠的外相，在雕刻等外力的作用下容易脱离与朽坏。还有的由于承受外力过度，内部结构遭受严重破坏呈现“散”状等。

嫩

有的翡翠尚未达到生长的成熟期，在结构和硬度上弱于正常的翡翠，其光洁度和敲击后发出的音响同样弱于正常的翡翠，类似服劳役的“童工”。

以上的可统称为翡翠的“玉病”，一般为其原生固有的，亦可叫做软伤。翡翠的硬伤主要指的是裂。裂直接影响到翡翠的价值，然而在翡翠的鉴别与估价中却又用得很泛很滥，何谓裂？裂是指东西的两部分向两旁分开，为拉开之意，俗称“张口裂，合口绺”，可见裂不同于绺，绺是指一束丝、线、须、发等，在翡翠珠宝中绺与裂的界定是十分谨严而科学的，裂应该指张开与张开后充填了物质复合的线条，绺应该是没有张开的最细微的线条，几如毫发与游丝。如果绺即裂，裂即绺，又何必分开二字而用？在网上有咨询者曾对我发问“某雕件有多少条绺？”答复是“数不清”，因为有的雕件细纹太多，难于数清。

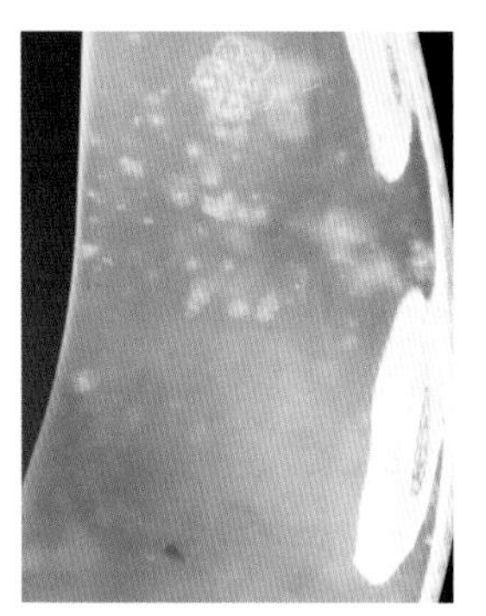

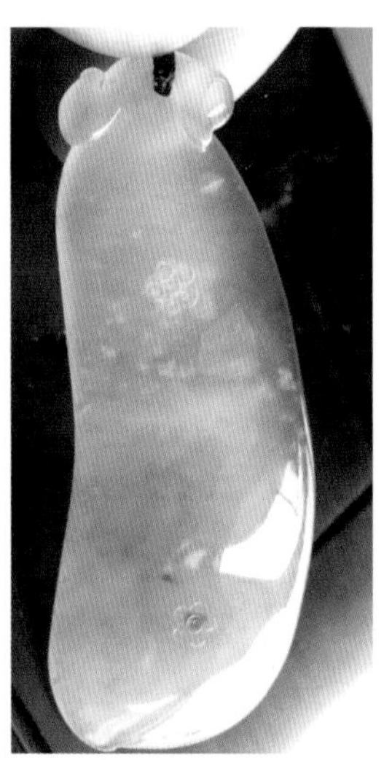

玉件中的絮状物或棉絮

二、如何对待翡翠玉器的毛病

前面已经讲过，翡翠玉器的毛病同样有两个层次，而这两个层次都是以翡翠玉器的价格为正比例展开的。几十元或百元左右的玉器一般都会存在有一个以至两个层次中一、二项的毛病，在这个价位上若出现种、色、水、地均可以的玉器，一般都会存在着不同程度的绺裂，因为价位或者说是翡翠玉器的档次是衡量其存在毛病的重要背景和先决条件，这里所讲的翡翠玉器的毛病就是在这种背景和先决条件下而言的。

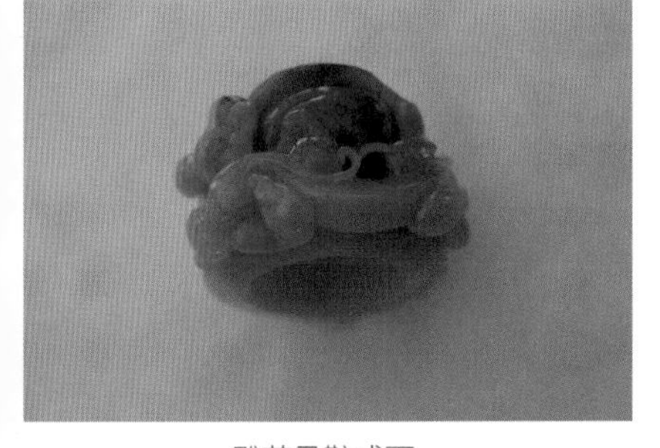

雕花马鞍戒面

白璧微瑕，人无完人，宝无全美，最高档的宝贝也有小毛病。翡翠是天然的石头而非化工制品。不患翡翠玉器有毛病，而患失却或颠倒了衡量毛病的尺度。

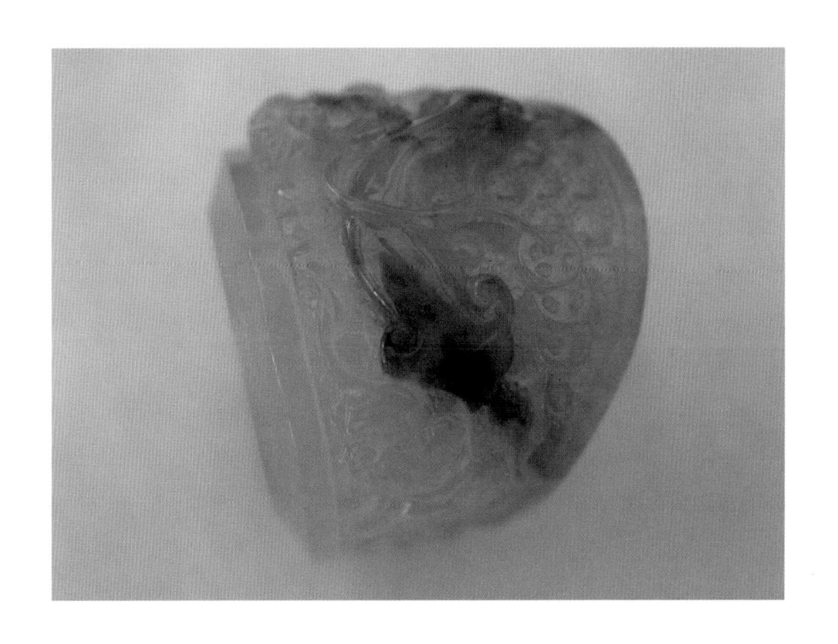

第三节

翡翠市场四杀手

针对初学者在市场中最易摔跤的问题，我提出，在识别翡翠中首先要弄通三种缅玉和一种质地较软的青玉，我称为翡翠市场上的"四杀手"。又因为它们都是缅甸玉石及其附近地区的天然品，没有进行过人工处理，初学者上当后与之论理，有苦难言，故之称之为"杀手"不为过分，以下依次说来。

水沫玉

通明透亮的水沫子

水沫子在腾冲、瑞丽市场很多，有各色样，敲出之声很清脆悦耳，据袁奎荣教授介绍，主要矿物成份为钠长石，折射率为 1.530-1.535(翡翠 1.654-1.667), 比重 2.65-2.48(翡翠 3.30-3.36), 硬度(翡翠 6.5-7), 可见其折射率、比重、硬度、都比普通翡翠。

水沫子此名是对它的外象特征的准确描述，就像小沟的水从高跌到低处，翻起的水花表面层的沫子，含泡沫份量大，没有翠性，细看结构的紧密度及光泽度都比不上正规翡翠玉种，当我们面对玻璃种，蛋清地的石料时，不妨首先怀疑是否是水沫子。水沫子制品有手环、小雕件和各种器皿，仿古杯亦不少。

葱翠斑斓的 " 不倒翁 "

" 葡萄” 一名现今地图上都有，在缅甸北边，迈立开江西岸靠近印度利多的地方，是当地名称的汉语标音，其标音近似 " 不倒翁 " 而得名。在手感上与缅甸硬玉相当，有较好的温润感，在硬度上不及硬玉，一个奇怪的现像是这种天然色的玉在滤色镜下发红，跟上色的玉反映一样，而且十分明显，这就为识别它找到了捷径。目前腾冲瑞丽市场上出现的有葡萄玉原石、雕件、手环等。

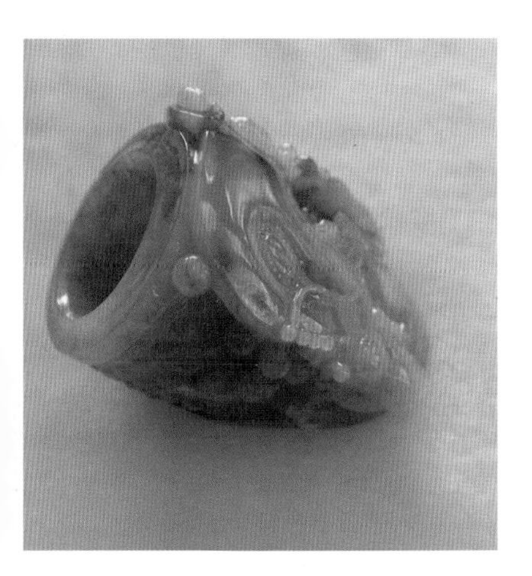

葡萄玉

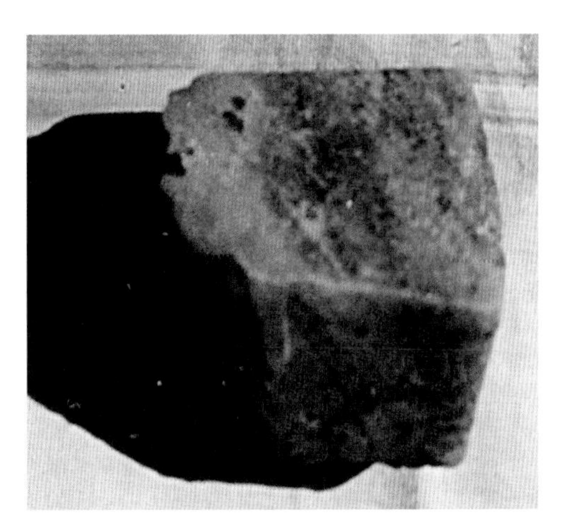

不倒翁

昆究

花纹环绕的"昆究"有的写为"困究"，系汉语记音名称。此石与水沫子一样，很早就进入边境市场，外形似水石，剖开有青色的带状花纹及较大的杂质，很温润，重量手感同于硬玉，目前市场已不多见,只有昔日遗留下来的原石,偶有流入市场鱼目混珠，近年的"玉石热"又唤醒了它，被新开采出来推向市场。困究玉外型似水石，因绿色出现的不多，故制成饰品进入市场的亦不多。

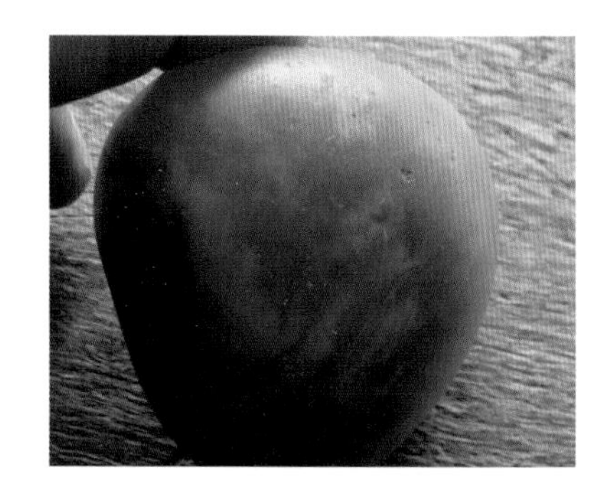

昆究

沫之渍

翡翠市场上的一个庞大的族类，它的出现与缘于世人对绿色的偏爱（严格的说是对目前翡翠引来的商业价值的钟爱），故投其所好，玉石场上就将这批带绿的石头挖出投入市场，其表现千奇百怪，主要特征都是绿，只是在质地上拉开距离，优质的水好，色浓，翡翠斑斓被制成耳片和镶成方形戒面。

沫之渍

绮罗玉

腾冲在清嘉庆年间发现的绮罗玉，制成的耳片，能把耳根映绿，且越薄越好看，以后在广东价格被炒得老高，称为广片，价格涨到万以上，因绿色纹较细无杂质，称为绸纹，云南玉石行家给它一个形象的称呼叫"虎皮"，是针对绿形状而言的。

如果纹路不细，浓淡不匀，出现缺乏绿色的"真空"，即所谓的花状，则被称为"猫皮"，其价值与"虎皮"判若天渊，故有行话日："要虎皮不要猫皮"，若虎、猫皮上出现黑，又是死黑而活黑（迎光透不开的谓死），商业价值锐减，而今进入"不对桩"之列了。这种绿中出现有黑部分的石种，民间有"包玉"之称，是一种病态，如病入膏盲，则谓之"一包糟"，价值不大了。

绮罗玉广片

第四章

购买指南

第一节

戒面的选择

翡翠戒面的选择应注意色、水、形等方面。

色最好的要求是要“浓、阳、正、均”，一般行业上流行说的“正阳绿”，就是此意。有初入行者，动辄以此为要求，是很不切合实际的，莫说这样的色很难找，就是找到了怕也无条件购买，正阳绿的一颗20多毫米长，10多毫米宽的戒面，价格不会低于十数万元，如果种水都上乘，数十万上百万都有可能。当然必须知道戒面的绿最好的还是四种，即秧苗绿、苹果绿、翠绿、祖母绿，达到这四种色的戒面，而且有较好的形状，价格比较高昂。

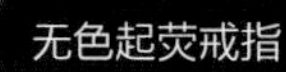

无色起荧戒指

正阳绿戒估价 150 万

黄阳绿高色戒面

翠绿戒面，不浓不淡，中庸柔和

除高色的以外，大量的是有些偏色的或其它色调的，如偏蓝、豆色、油绿、油青、紫罗兰以及红翡等，都是有一定观赏价值的。一般购买者要注意结合自己的经济基础考虑选择，不能弄成“高不成，低不就”。

近年来，还有种水好的无色戒面，很新潮和走俏，特别是荧光较强的，可以与高色戒面相媲美，这种“无色胜有色”的戒面，价格也跃到了十多万、数十万的行列。

戒面的形状最好的是鼓满的、蛋形的，一般自由形、不对称都影响其价格。

看戒面得注意两个方面，一是坐水和罩水，坐水是摆起来看即平放着的水头，罩水是迎着光线看即悬起来看的水头。有的戒面坐水好罩水不好，就是色力弱，只有坐水、罩水都好的才叫色力强。二是乍相和慢相，乍相是乍看起来、晃眼一看，似乎较好；慢相是细致的、慢慢的看，觉得好的。这一点和看所有的玉件是一样的，即耐看的比乍看起来好的要高出好多筹。

果血红戒指

镶钻翠绿戒指估价逾 85 万

红翡戒指

第二节

手镯的选择

缅玉手镯，坚硬，光洁度佳，色彩缤纷种类多，目前在国内市场有一定销势。佩戴手镯不但美观大方，还具有一定的保值升值性。手镯由于在取材、制作上有一定的难度，故其价值一般高于同等玉质的花件。手镯的选取条件与其他玉件大致相当，但也存在一些差别，下面结合亲身经历，从几个侧面谈谈。

走马观花

走马观花这个成语意为大体的浏览，言其作风马虎草率，只看个大体，此种作风不能用于相玉上，但我取其另一寓意，将之用于选择手镯的条件上，即走马即能观到“花”，也就是瞬眼间即能看到手镯上的花纹，我认为这是手镯美否的重要因素，即装饰审美观在手镯上的运用。云南大理石的价值也就反映在其花纹上，有花纹的被选用到围屏、桌、椅的装饰上，故大理地区流行的缅玉手镯即是带花的。看青苔色手镯，此种玉一般出自老厂，种老、绺裂少，但色泽

糯冰地绿花手镯一对，估价逾 150 万

糯冰地紫罗兰飘翠手镯，估价逾 120 万

糯玻地飘蓝花手镯

发暗，令人有沉闷之感，故此类手镯一般不够走俏。有人认为墨色手镯能卖很高价，从审美角度看不够现实。

有的手镯由于种质一般，甚至低劣，故只能称带花。只有种质优上，清初明净的手镯，其上出到茴香丝、芫荽丝、苲草丝的花纹，好似出于清水河中，才能称为飘花。全美的飘花手镯，价格一般以千元为单位，数百元能够买到的，除偶然之外，一般都有些明显毛病。有人以一千元买到两对飘花手镯，因两对均有黑点，身价才降低下来。

佩戴着带花、飘花手镯，能远远地让人看到，很漂亮。手镯上出现黄、红等色彩的，只要红黄得正，颜色不呆滞，都可列为选取对象，其原因正在于有花纹。带绿的手镯，绿越多越佳，相比较花反而处下。

玻璃地飘绿花手镯，
估价逾 2000 万

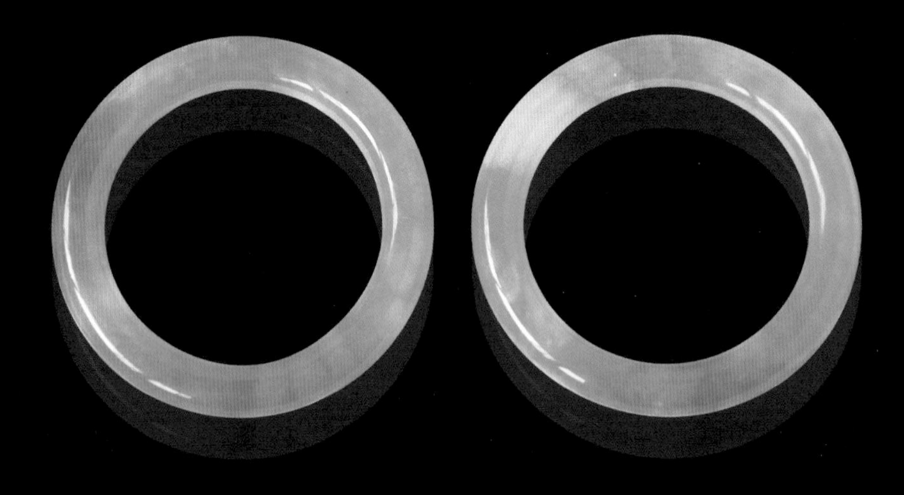

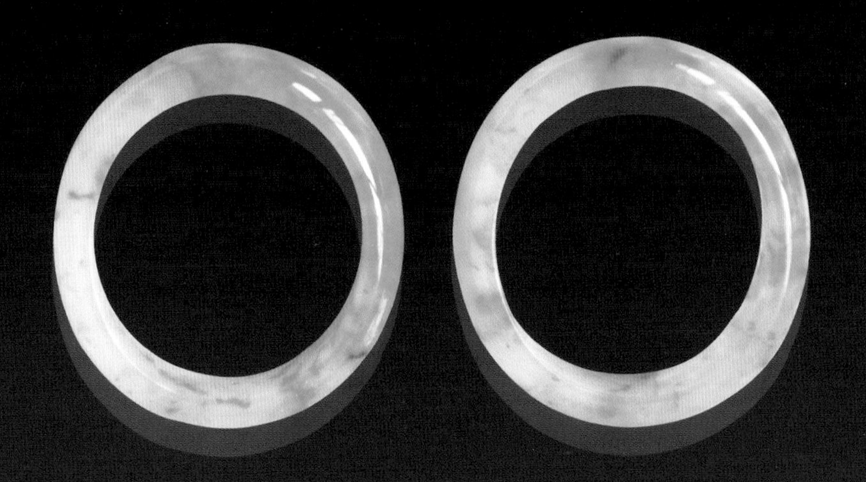

阳绿放堂手镯

吹毛求疵

吹毛求疵是说矫枉过正，过份挑剔毛病。毛即是毛病，疵即疵暇、缺陷。有的手镯有明显毛病，主要是结绺裂，从照片上亦能看到，其价格每对只能在150—500元之间，很多初学的朋友，能以较低价格购到种质较好的手镯，一般都放弃了对绺裂等毛病的把关。

糯玻地蓝花手镯，估价逾25万

毛病有绺裂，拿到手上10秒种内能立即看出的，比较明显，称为大毛病，10—30秒以至一分钟反复才能看出的，比较隐蔽，不是大毛病。

出现色根及色彩明显交汇的地界，一般会伴随出现裂纹，色纹与裂纹的区别，可迎着太阳或灯光看，在强光下，纹路消淡，甚至不复存的，色纹的可能性大；纹路明显不褪的极可能是裂。裂纹立性比卧性危害大，垂直于手镯平面的裂纹，称垂绺，若达到圈匝一半以上的，除非绝色美玉可改制他物，绝不能问价。卧绺，是平行于镯面的裂纹，其危害虽不及垂绺大，但若在0.3—1厘米以上，瞬间看到，也影响了价值，除非种色俱佳，一般也应放弃。

属于疵暇的毛病有脏、黑、棉等，腾冲玉石老行家形容好的玉件要“飘洒活放”，不能痴呆、木、澄，看着要明快。黑、癣在玉首饰中很忌讳，特别是呈烟屎状的黑、癣，无前途可言。棉在一般手镯中不过分忌讳，如人们形容的稀饭、米汤底等，但如果呈“糟”状，即若干细裂交叉，俗称“一包糟”，则为大讳。

糯玻地飘蓝花手镯，估价逾35万

“阴阳”指两只手镯大小，质地不同。不规则指一只手镯，一头粗一头细，一头厚一头薄，一段方一段圆，都影响其价值，

糯地带绿花手镯，估价逾 30 万

糯冰地飘翠手镯，估价逾 25 万

尤其后者，应列入“不对称”之列。

如果以上讲的是小处着手具操琴之心外，大处着眼，即是从战略上观察决策，具剑胆之举，应摈弃假、伪劣的，求其真善美的。选取手镯的大处着眼，小处着手，操琴之心舞剑之胆，就是这么相符相衬，缺一不可的，须不断用心掌握，正如诗人发现好意境的过程那样“众里寻它千百度，回头蓦见，那人正在灯火阑珊处”。

带绿花手镯

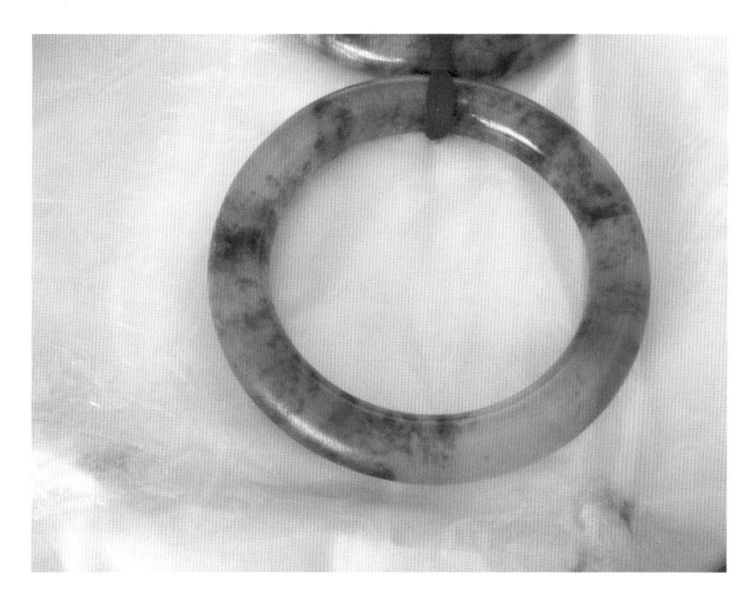

飘花园条老手镯

活黑绿花手镯

第三节

雕件的选择

对缅玉雕件的选择．应分一般与特殊两种，一般的雕件是指石质普通，构思和做工简单，当然价格也只在几元、十几元、百多元，出价几百元的小雕件。石质优上，即真正的翡翠，再加之构思奇巧，做工精湛，即是奇货可居的特殊雕件，一般人只知道好，怎么好，就不得而知，至于价格更是“山神老爷的舌头——没数”。

糯种花鸟摆件

冰玻种山子摆件

松下问童子

地张色龙璧，做工娴熟，体现中庸之美

嵌祖母绿金枝玉叶结，估价逾 180 万

第四节

收藏奥妙

在翡翠制品的销售中，非常讲究色泽的搭配及其依托，同样的商品，有的容易售出，有的成了“媳妇熬成婆”，即使售出，也是“赔了夫人又折兵”，这里面就有经营的无穷奥妙。对一些走运的经纪人来说，与其说是货好，不如说是善“假舟楫”罢了，下面分几个主要方面来谈。

满绿手镯

比较有经验的购买者，到达购货地后，大约有三天时间不出手，只观察，在将各种货色都浏览之后才决定勾取对象。除新到异地必须更新标志（货色、价格），更重要的就是对商品进行排队，一比一排，百里挑一，“出击”就较为准确。同时由于时间关系，可以逐渐洗掉原地区的一些旧标准，确立新标准。有经验的购货者还会要求售者将所有商品摆出，进行反复比较。而有经验的售者则不这样干，而主张“散兵游勇”式，他既不摆摊陈设，又不合盘托，只在恰当之时将一二种商品“亮相”，此法正是对上述购货法的“反击”。新来乍到，他的商品突然推出，使对方

活黑透光满绿雕件

绿丝丝放堂手镯

措手不及，来不及比较，便产生喜好而出价，极易上当。有的购货者往往手戴一只上色的戒面，用以对付那种“散兵”，两者一相比较，相形见绌。有的商品单独出现时，其色又艳又绿，当摆到另一上品跟前，则淡然失色，似乎原来的优点都不见了，这就是比较的作用。

搭配

正是由于上述原因，售货者掌握后进行运行，“反其道而行之”，应用“对立”的原理，将相反色泽配制在一起，如同一玉器中出现红绿相间，绿白映衬，由于其光谱、折光度不同，互相反衬，使红者愈红，绿者愈绿，白者愈白。这一原理应用到商品出售中，就是在一块纸板上钉上不同色彩的玉器，如全是蓝色的挂件中放一红色挂件，其骤然生辉，使蓝者愈蓝，绿者愈绿。

依托

是玉器的一种摆置办法，绿色的戒面放置到红纸上的雪白棉花中，易见其好，所以凡手镯、挂坠都装订在白纸和白布之上。在摆设时，将商品陈列在红色丝绒面上，其色也是很显的。黑色由于不反光，一般不用做依托。有的虽黑但油亮，偶尔也用于陪衬。

翡翠交易，特别是稀世珍品的买卖，都有很大的风险，因翡翠是一种最难识别的宝石，交易中稍不留神就会倾家荡产，要注意的问题很多，最要紧的是：

飘绿花手镯

带绿彩手镯

糯玻地项链、项链、耳坠一套

掌握信息

翡翠市场行情虽不是瞬息万变，但也常变化无常，购者不能埋头购买，必须了解行情。例如 1985~1987 年行情好时，有人形容说“鹅卵石都可以卖”，后来翡翠大量开采，供大于求，厂家库存大量积压，台湾、香港商人将卖不出的玉料及成品反销广州、昆明甚至中缅边境，至使 1988 年下半年以后国内外经营珠宝玉石的厂家纷纷倒闭。

不走老路

不要因买卖了一次好价钱的经验去类比下次。有人用低档玉货，卖给不懂行的人（这种人常充内行），卖了好价，即以这块料的经验，去买这类料，不惜再出高价，结果吃了亏，这种称为“瞎子买来瞎子卖”，在玉市场是常事。有一个人因买了一块乌砂玉发财，第二次即以“乌砂大王”出现于边境，见到黑皮乌砂就好买，结果买了近百万元的乌砂玉，以后售出，回笼资金不到成本的 1/10。乌砂玉多带灰黑，水不好，只能用有色处，不能用色以外的部分，且大多数乌砂绿不集中，呈星点状分布，很难使用。

翠绿胸坠

虎皮方胸牌

满色观音

既买玉又买工

对一件翡翠雕件，其质是体现在料与工两个方面。玉料优质雕工上乘的方具有一定的价值或保值性。

有许多翡翠雕件，做工很高，但质地一般，便成了“黄花闺女”，因为他们的雕工不仅和玉等价，有的已大大超过，这样便等同于一般的玉雕了。人们之所以偏重翡翠玉雕，就是看中了它优秀的质地，故有一说法“买玉不买工”。雕工优秀的一些软玉作品被商人放弃，信奉的条律即如是。但也不尽然，在一次展销会上，有一枯蒿的翡翠黄色玉被雕成一片海棠叶，石中发黑发死的部分雕成叶脉，一举夺魁，创造了奇巧构思取胜的先例。人们在追求玉质上与在追求雕刻上完全是同步的。

糯地龙牌

糯冰地双螭虎壁

紫罗兰狮子大摆件

巧色鹦鹉牡丹

春带彩福禄寿三星